FORSCHUNGSBERICHTE DES LANDES NORDRHEIN-WESTFALEN

Nr. 1580

Herausgegeben
im Auftrage des Ministerpräsidenten Dr. Franz Meyers
vom Landesamt für Forschung, Düsseldorf

DK 669.111/.112:669.15'24'25-194

Prof. Dr.-Ing. Hermann Schenck
Priv.-Doz. Dr.-Ing. Franz Neumann

Institut für Eisenhüttenwesen und Gießerei-Institut
der Rhein.-Westf. Techn. Hochschule Aachen

Über den Einfluß von Zusatzelementen auf das Verhalten des Kohlenstoffes in flüssigen Eisenlegierungen und die Beziehung zu ihrer Stellung im Periodischen System

WESTDEUTSCHER VERLAG · KÖLN UND OPLADEN 1966

ISBN 978-3-663-06426-8 ISBN 978-3-663-07339-0 (eBook)
DOI 10.1007/978-3-663-07339-0

Verlags-Nr. 011580

Gesamtherstellung: Westdeutscher Verlag

Inhalt

Einleitung

In vorangegangenen Arbeiten [1] bis [4] haben F. Neumann, H. Schenck und W. Patterson einen zusammenfassenden Überblick über die Thermodynamik der Eisen–Kohlenstoff-Legierungen gegeben. Mit Hilfe einer umfangreichen Auswertung des Schrifttums wurden die Phasengrenzen des binären Systems neu festgelegt, der Einfluß dritter Elemente auf das physikalisch-chemische Verhalten des Kohlenstoffs in Eisen–Kohlenstoff-Lösungen untersucht und weiterhin ihre Wirkung mit dem Aufbau des Periodischen Systems in Beziehung gebracht.

Kohlenstofflöslichkeit

Die verdrängende oder löslichkeitserhöhende Wirkung der Zusatzelemente wird durch die Differenzbeträge zwischen der Zwei- und Dreistofflösung $\Delta N_C^{(X)}$ für Molenbruch und $\Delta \% C^{(X)}$ für Gewichtsprozentkonzentrationen ausgedrückt. Im Bereich geringer Gehalte der Zusatzelemente (% X = 0 bis etwa 5%) und bei einigen Elementen auch bis zu höheren Konzentrationen kann die Löslichkeitsänderung des Kohlenstoffs durch die linearen, im allgemeinen temperaturunabhängigen Beziehungen:

$$\Delta N_C^{(X)} = m \cdot N_X \quad \text{für Molenbruch} \tag{1}$$

$$\Delta \% C^{(X)} = m' \cdot \% X \quad \text{für Gewichtsprozent} \tag{1a}$$

dargestellt werden. Die Faktoren m und m' lassen sich – wie gezeigt wurde [3] – mit folgender Gleichung ineinander umrechnen:

$$m' = \frac{\% C_{max} \cdot (m \cdot M_{Fe} - m \cdot M_C + M_{Fe} - M_X) + 100 \cdot M_C \cdot m}{100 \cdot M_X} \tag{2}$$

M = Atomgewicht

Diese Gleichung, die für den Fall der Kohlenstoffsättigung abgeleitet wurde, läßt sich auf jeden anderen Fall konstanter Aktivität anwenden [3]. Sie bleibt im allgemeinen auf den Bereich solcher X-Konzentrationen beschränkt, in dem eine lineare Zuordnung von Gewichtsprozent und Molenbruch statthaft ist. Setzt man für die untersuchten Systeme eine mittlere Temperatur von rd. 1440° C an, so wird der Sättigungsgehalt des Kohlenstoffs im binären System $\% C_{max} = 5{,}0$ [3]. Die Gl. (2) vereinfacht sich somit zu:

$$m' = \frac{1420{,}2 \cdot m - 5 \cdot M_X + 279{,}25}{100 \cdot M_X} \tag{3}$$

die mit hinreichender Genauigkeit die gegenseitige Umrechnung von m' und m erlaubt.

Die Faktoren m und m', die dem Anstieg der Kurven im linearen Bereich entsprechen, stellen spezifische Faktoren für die Wirkung der betreffenden Elemente X auf die Kohlenstofflöslichkeit dar. Nach den angeführten neueren Untersuchungen [1] bis [4] besteht ein einfacher und übersichtlicher Zusammenhang dieser Größen mit dem Aufbau des Periodischen Systems, worauf in den vorangegangenen Arbeiten ausführlich eingegangen wurde. Dieser Zusammenhang führte zur Aufstellung eines Netzdiagramms, dem die Einflußfaktoren m und m' aller Elemente entnommen werden können, auch wenn keine experimentellen Werte vorliegen. Diese Beziehungen waren allerdings experimentell noch nicht hinreichend gesichert. Aus diesem Grunde sind weitere Versuche durchgeführt worden, um das im Entwurf wiedergegebene System zu überprüfen. Dazu wurden die Untersuchungen auf solche Elemente ausgedehnt, die besonderen Aufschluß über die Lage der Netzpunkte geben.

In den Abb. 1–13 und in Tab. 1 sind die experimentellen Ergebnisse für die untersuchten Elemente Germanium, Arsen, Vanadium, Niob, Tantal, Titan, Uran, Gold, Platin, Tellur, Ruthenium, Osmium und Wolfram zusammengestellt. Es fällt auf, daß der lineare Verlauf bei den meisten Elementen auch bis zu höheren Konzentrationen der Zusatzelemente erhalten bleibt. Ein klarer Temperatureinfluß ist in dem untersuchten Bereich von 1300 bis 1650° C nur bei Vanadium und Tantal zu erkennen (Abb. 3 und 5); m_V steigt von 0,32 bei 1320° C auf 0,40 bei 1490° C an und m_{Ta} von 0,44 bei 1465° C auf 0,52 bei 1650° C. Die in Abb. 3 mit eingezeichneten Werte von T. Fuwa und J. Chipman [5] für 1550° C ordnen sich gut in das Gesamtbild ein, was aus der mit eingezeichneten Temperaturabhängigkeit von m in Abb. 3 zu erkennen ist.

Für Tellur liegen nur wenige Werte vor, die zudem nicht über (1% Te) hinausgehen. Weiterhin konnten während einer Schmelze, besonders bei höheren Konzentrationen, Verdampfungsverluste an Tellur beobachtet werden, so daß die Einstellung des Gleichgewichtes nicht gewährleistet ist. Der ermittelte Betrag für m von —0,85 (Abb. 10) scheint somit experimentell nicht genügend gesichert. Er stimmt allerdings gut mit m_{syst} = —0,88 nach Abb. 14a überein.

Die graphische Darstellung für Gewichtprozent liefert für die Elemente Germanium, Arsen, Vanadium, Niob, Titan, Gold, Platin, Tellur ähnliche Abhängigkeiten, wie sie in den entsprechenden Bildern für Molenbruch wiedergegeben sind, so daß hierauf verzichtet werden kann[1].

Dies trifft nicht für die ruthenium-, osmium-, tantal-, wolfram- und uranhaltigen Schmelzen zu, so daß hierauf gesondert eingegangen wird.

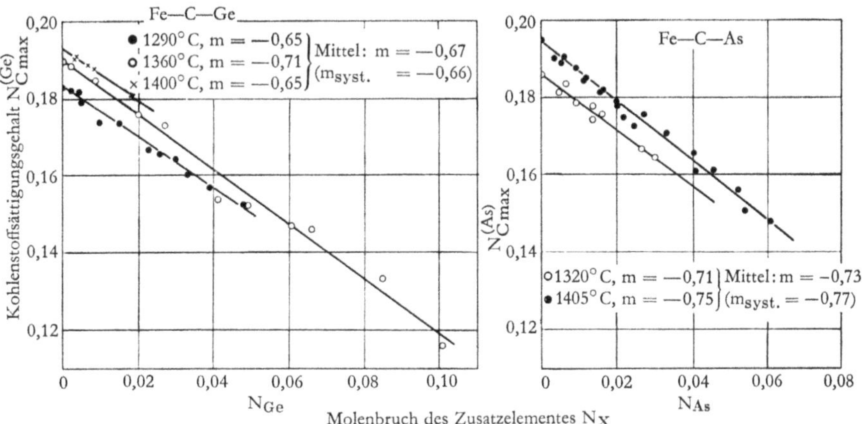

Abb. 1 und 2 Einfluß von Germanium und Arsen auf die Sättigung des flüssigen Eisens an Kohlenstoff

[1] Die nach Gl. (3) aus den m-Werten errechneten Beträge für m' stimmen mit den aus den Analysen mathematisch ermittelten überein.

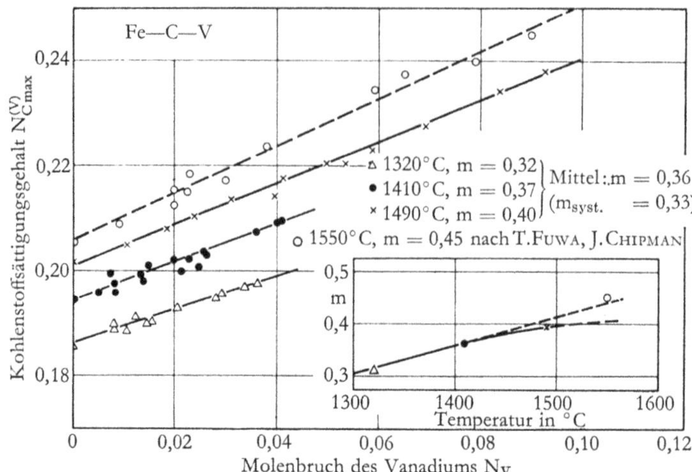

Abb. 3 Einfluß des Vanadiums auf die Sättigung des flüssigen Eisens an Kohlenstoff

Ruthenium und Osmium üben bis zu Konzentrationen von $N_{Ru} = 0,009$ und $N_{Os} = 0,01$ (für Molenbruch) (Abb. 11 und 12a) keinen Einfluß auf die Löslichkeit des Kohlenstoffs im flüssigen Eisen aus ($m = 0$). Erst bei höheren Gehalten tritt eine kohlenstoffverdrängende Wirkung auf.

Trägt man die entsprechenden Ergebnisse in Gewichtsprozent auf, wie es in Abb. 12b z. B. für die osmiumhaltigen Schmelzen durchgeführt wurde (ein ähnliches Bild ergibt sich bei Rutheniumzusätzen), so tritt auch schon bei geringen Gehalten an Ruthenium und Osmium eine kohlenstoffverdrängende Wirkung auf (m' ist negativ). Dies steht in Einklang mit den nach Gl. (3) berechneten Werten für m' (s. Tab. 2) und wird im folgenden noch näher erläutert.

Für die tantal-, uran- und wolframhaltigen Schmelzen tritt bei Verwendung von Gewichtsprozent als Konzentrationsmaß sogar eine Umkehrung ein, d. h., die löslichkeitserhöhende Wirkung bei Molenbruchkonzentration (m ist positiv; $m_{Ta} = +0,49$, $m_U = +0,53$ und $m_W = +0,256$) kehrt sich in eine kohlenstoffverdrängende Wirkung bei Gewichtsprozentkonzentration (m' ist negativ) um. Dieses gilt insbesonders für Wolframzusätze ($m'_W = -0,015$; vgl. Abb. 13a und b) während m' bei Tantal- oder Uranzusatz praktisch gleich Null ist. Hierauf wurde in den vorangegangenen Arbeiten bereits hingewiesen. Damals lagen zwar noch keine experimentellen Unterlagen vor, aber die Berechnung von m' aus den vorliegenden m-Werten mit Hilfe der Gl. (3) führte zum gleichen Ergebnis, was nun experimentell bestätigt wird. Der mathematische Zusammenhang wurde von H. Schenck, M. G. Frohberg und E. Steinmetz [6] gegeben. In Abb. 13 sind gleichzeitig Werte von T. Mori und Mitarbeitern [7] eingezeichnet; bis zu Konzentrationen von 5% W stimmen sie gut überein, fallen zu höheren Gehalten aber etwas stärker ab.

Die bei Gewichtsprozent- und Molenbruchdarstellung auftretenden Unterschiede für die angeführten Systeme werden bei Betrachtung der beiden folgenden Netzdiagramme verständlich, so daß hierauf näher eingegangen wird.

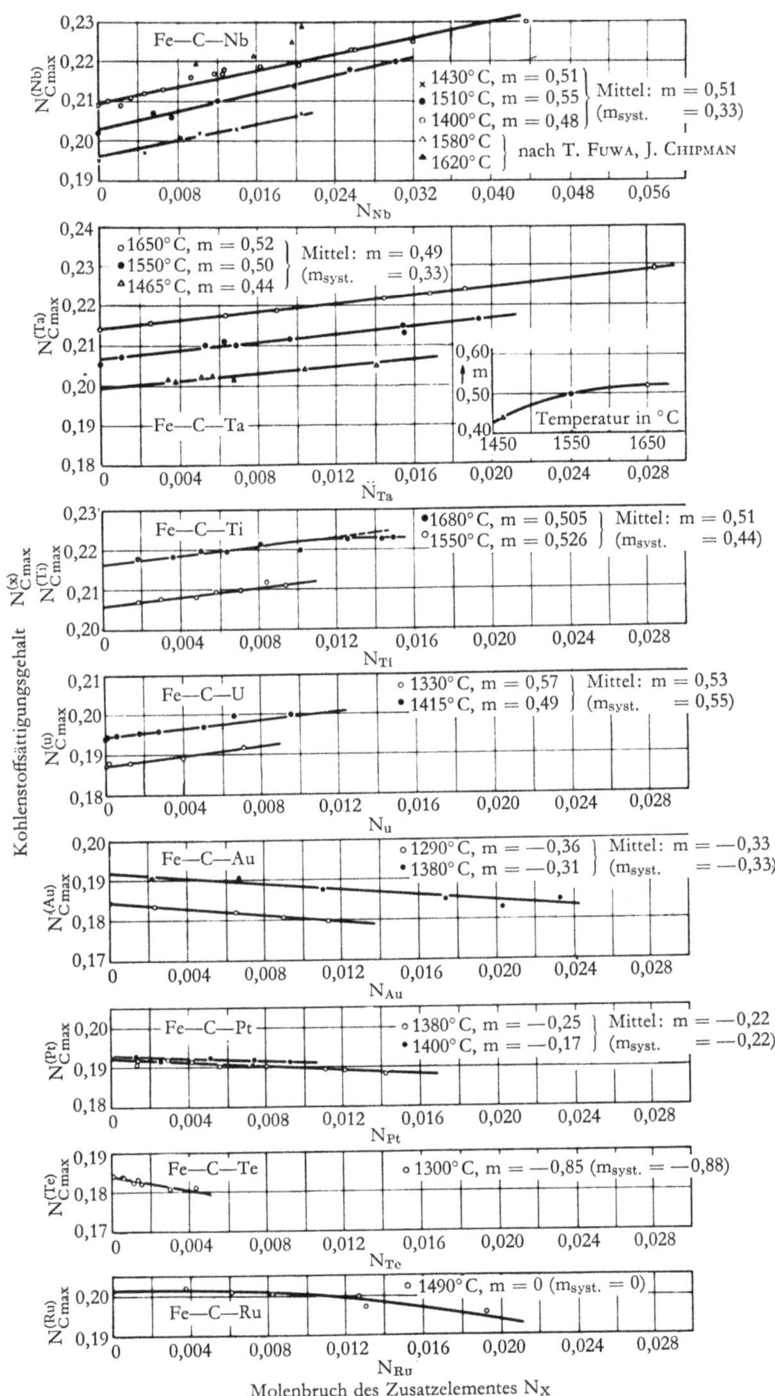

Abb. 4–11 Einfluß verschiedener Zusatzelemente (Niob, Tantal, Titan, Uran, Gold, Platin, Tellur, Rhutenium) auf die Sättigung des flüssigen Eisens an Kohlenstoff

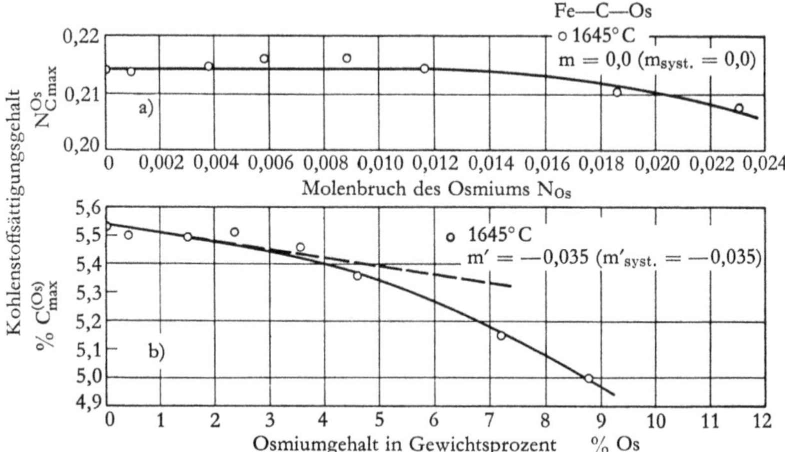

Abb. 12 Einfluß von Osmium auf die Sättigung des flüssigen Eisens an Kohlenstoff Gegenüberstellung von a) Molenbruch und b) Gewichtsprozentkonzentration

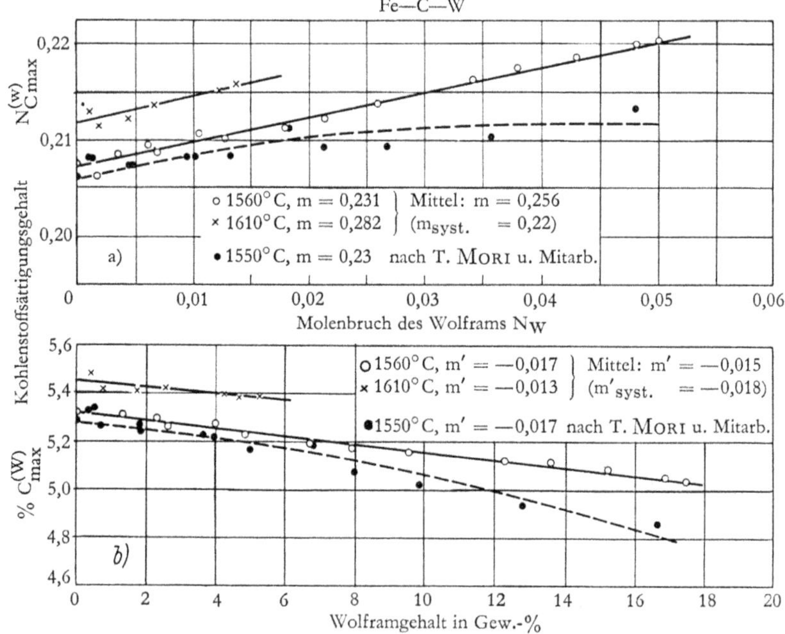

Abb. 13 Einfluß des Wolframs auf die Sättigung des flüssigen Eisens an Kohlenstoff. Gegenüberstellung a) von Molenbruch und b) Gewichtsprozentkonzentrationen

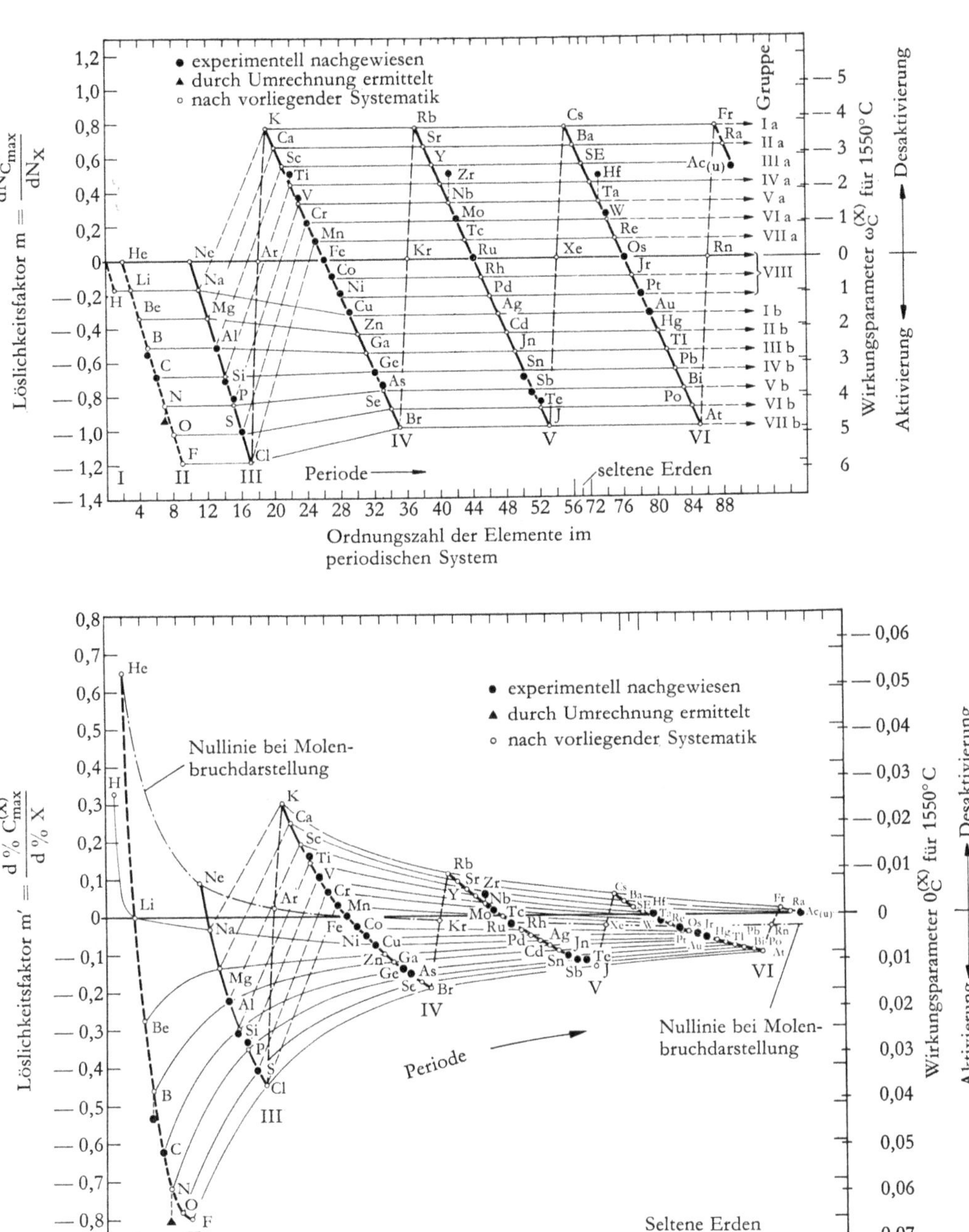

Abb. 14 Einfluß der Zusatzelemente auf das Verhalten des Kohlenstoffs im flüssigen Eisen
(Kohlenstofflöslichkeit und Wirkungsparameter)
und die Beziehung zum Aufbau des Periodischen Systems
a) in Molenbruch- und
b) in Gewichtsprozentdarstellung

Tab. 1 Chemische Analysen der untersuchten Schmelzen

Germanium						Arsen					
1290° C		1360° C		1400° C		1320° C		1400° C		1410° C	
% $C_{max}^{(Ge)}$	% Ge	% $C_{max}^{(Ge)}$	% Ge	% $C_{max}^{(Ge)}$	% Ge	% $C_{max}^{(As)}$	% As	% $C_{max}^{(As)}$	% As	% $C_{max}^{(As)}$	% As
4,62	0	4,80	0	4,81	0,51	4,68	0	4,75	0,825	4,945	0
4,59	0,37	4,77	0,37	4,83	0,53	4,54	0,73	4,71	1,475	4,80	0,55
4,56	0,62	4,64	1,31	4,75	1,04	4,60	1,04	4,60	1,775	4,80	0,97
4,49	0,70	4,37	3,06	4,73	1,28	4,45	1,44	4,53	2,55	4,63	1,86
4.33	1.47	4.27	4,00	4,50	2,82	4,31	2,10	4,40	3,14	4,52	2,42
4,31	2,23	3,71	6,04			4,40	2,11	4,32	3,35	4,43	3,09
4,11	3,39	3,66	7,12			4,35	2,50	3,89	6,86	4,34	3,80
4,07	3,79	3,51	8,72			4,08	4,03			4,28	4,16
4,02	4,37	3,47	9,44			4,00	4,60			4,18	5,13
3,91	4,80	3,11	11,98							4,02	6,17
3,81	5,67	2,65	13,92							3,89	6,23
3,67	6,95									3,68	7,75
										3,59	8,09
										3,51	9,05

Tab. 1 (Forsetzung)

Vanadium								Niob					
1320° C		1410° C		1430° C		1490° C		1430° C		1510° C		1600° C	
% $C_{max}^{(V)}$	% V	% $C_{max}^{(V)}$	% V	% $C_{max}^{(V)}$	% V	% $C_{max}^{(V)}$	% V	% $C_{max}^{(Nb)}$	% Nb	% $C_{max}^{(Nb)}$	% Nb	% $C_{max}^{(Nb)}$	% Nb
4,68	0	4,945	0	5,04	0,9	5,163	0	4,94	0	5,18	0	5,39	0
4,80	0,82	4,98	0,54	5,14	1,64	5,27	1,14	5,01	0,91	5,29	1,08	5,41	0,29
4,81	0,85	5,07	0,81	5,19	2,55	5,36	2,04	5,11	1,71	5,26	1,49	5,38	0,46
4,77	1,12	5,06	0,93	5,23	2,85	5,44	2,62	5,10	2,01	5,34	2,38	5,44	0,65
4,85	1,32	5,08	1,40			5,55	3,39	5,13	2,76	5,43	4,00	5,46	0,96
4,82	1,55	5,09	1,48			5,57	4,35	5,34	3,75	5,54	5,15	5,47	1,34
4,83	1,66	5,18	2,19			5,67	4,50	5,23	4,10	5,58	6,02	5,53	1,88
4,91	2,21	5,11	2,33			5,77	5,52					5,56	2,36
4,98	3,00	5,14	2,68			5,77	5,92					5,58	2,52
4,99	3,15	5,22	2,86			5,85	6,52					5,59	2,55
5,03	3,63	5,35	3,95			6,01	7,73					5,60	3,30
5,05	3,90	5,42	4,40			6,23	9,43					5,64	4,12
		5,42	4,45			6,38	10,53					5,70	5,16
												5,70	5,24
												5,73	6,40
												5,83	8,65

Tab. 1 (Fortsetzung

Tantal						Titan			
1465° C		1550° C		1650° C		1550° C		1680° C	
% $C_{max}^{(Ta)}$	% Ta	% $C_{max}^{(Ta)}$	% Ta	% $C_{max}^{(Ta)}$	% Ta	% $C_{max}^{(Ti)}$	% Ti	% $C_{max}^{(Ti)}$	% Ti
–	0,0	5,27	0,0	5,53	0,0	5,32	0,19	5,66	0,19
5,11	1,29	5,31	0,39	5,54	0,96	5,35	0,31	5,68	0,38
5,08	1,45	5,35	2,02	5,54	2,44	5,36	0,50	5,72	0,53
5,09	1,94	5,35	2,41	5,54	3,42	5,40	0,60	5,72	0,67
5,10	2,17	5,32	2,64	5,55	5,45	5,42	0,72	5,77	0,85
5,05	2,55	5,32	3,65	5,56	6,33	5,48	0,88	5,73	1,07
5,09	3,90	5,29	5,79	5,56	6,98	5,45	0,98	5,82	1,33
5,07	5,24	5,34	5,79	5,58	10,43			5,82	1,52
–	–	5,34	7,18	–	–			5,83	1,59

Uran				Gold				Platin			
1330° C		1415° C		1290° C		1380° C		1380° C		1400° C	
% $C_{max}^{(U)}$	% U	% $C_{max}^{(U)}$	% U	% $C_{max}^{(Au)}$	% Au	% $C_{max}^{(Au)}$	% Au	% $C_{max}^{(Pt)}$	% Pt	% $C_{max}^{(Pt)}$	% Pt
4,73	0	4,93	0	4,62	0	4,78	0,93	4,86	0	4,85	0,53
4,74	0,09	4,93	0,06	4,56	0,95	4,71	2,08	4,87	0,52	4,80	1,05
4,72	0,68	4,94	0,31	4,47	2,6	4,56	4,37	4,82	0,55	4,78	2,08
4,71	1,97	4,93	0,91	4,39	3,6	4,41	6,83	4,80	1,18	4,70	2,98
4,73	3,56	4,93	1,39	4,34	4,5	4,33	7,72	4,76	1,68	4,74	3,02
		4,92	2,54			4,35	9,00	4,71	2,25		
		4,94	3,31					4,67	3,20		
		4,89	4,74					4,69	3,70		
								4,61	4,40		
								4,59	4,73		
								4,53	5,60		

Tab. 1 (Fortsetzung

Tellur		Ruthenium		Osmium		Wolfram			
1300° C		1490° C		1645° C		1560° C		1610° C	
% $C_{max}^{(Te)}$	% Te	% $C_{max}^{(Ru)}$	% Ru	% $C_{max}^{(Os)}$	% Os	% $C_{max}^{(W)}$	% W	% $C_{max}^{(W)}$	% W
4,63	0,02	5,13	0	5,53	0	5,32	0	5,48	0,395
4,61	0,15	5,13	0,80	5,50	0,39	5,30	1,35	5,42	0,72
4,61	0,16	5,08	1,30	5,49	1,50	5,29	2,35	5,41	1,695
4,56	0,29	5,06	1,75	5,51	2,34	5,26	2,66	5,42	2,54
4,59	0,36	5,01	2,70	5,46	3,52	5,27	4,01	5,39	4,235
4,55	0,41	4,93	2,76	5,36	4,62	5,22	4,85	5,38	4,685
4,51	0,80	4,87	4,05	5,15	7,20	5,18	6,77	5,38	5,245
4,51	1,14			5,00	8,78	5,17	7,98		
						5,15	9,60		
						5,11	12,35		
						5,10	13,62		
						5,07	15,26		
						5,04	16,91		
						5,02	17,55		

Tab. 2 Zusammenstellung der experimentell und nach der Systematik der Abb. 14a und b ermittelten Werte für die Faktoren m und m' der Kohlenstofflöslichkeit sowie für die Wirkungsparameter ω und o der verschiedenen Zusatzelemente

Stellung des Zusatzelementes im Periodischen System		$\Delta N_C^{(X)} = m \cdot N_X$				$\omega_C^{(X)} = -\frac{\partial \ln N_{C_{max}}}{\partial N_X}$ (für 1500° C)		$\Delta \% C^{(X)} = m' \cdot \% X$				$o_C^{(X)} = -\frac{\partial \lg \% C_{max}}{\partial \% X}$ (für 1550° C)	
Periode	Ordnungszahl	Zusatzelement X	$m_{exp.}$	$m_{Syst.}$	Gültigkeitsbereich	$\omega_{exp.}$	$\omega_{Syst.}$	Zusatzelement X	$m'_{exp.}$	$m'_{Syst.}$	Gültigkeitsbereich	$o_{exp.}$	$o_{Syst.}$
I	1	H	—	—0,17	—	—	+0,825	H	—	+0,325	—	—	—0,027
	2	He	—	0,0	—	—	0,0	He	—	+0,648	—	—	—0,053
	3	Li	—	—0,17	—	—	+0,825	Li	—	—0,004	—	—	0,000
	4	Be	—	—0,34	—	—	+1,651	Be	—	—0,276	—	—	+0,023
II	5	B	—	—0,51	—	—	+2,476	B	—	—0,462	—	—	+0,038
	6	C	—	—0,68	—	—	+3,301	C	—	—0,622	—	—	+0,051
	7	N	—	—0,85	—	—	+4,127	N	—	—0,712	—	—	+0,0585
	8	O	—	—1,02	—	—	+4,952	O	—	—0,781	—	—	+0,064
	9	F	—	—1,19	—	—	+5,778	F	—	—0,792	—	—	+0,065
	10	Ne	—	0,0	—	—	0,0	Ne	—	+0,088	—	—	—0,007
	11	Na	—	—0,17	—	—	+0,825	Na	—	—0,034	—	—	+0,003
	12	Mg	—	—0,34	—	—	+1,651	Mg	—	—0,134	—	—	+0,011
III	13	Al	—0,52	—0,51	$N_{Al} < 0{,}05$	+2,525	+2,476	Al	—0,220	—0,215	% Al < 2,0	+0,018	+0,018
	14	Si	—0,71	—0,68	$N_{Si} < 0{,}07$	+3,447	+3,301	Si	—0,310	—0,294	% Si < 5,5	+0,025	+0,024
	15	P	—0,81	—0,85	$N_P < 0{,}048$	+3,933	+4,127	P	—0,331	—0,349	% P < 3,0	+0,027	+0,029
	16	S	—1,00	—1,02	$N_S < 0{,}004$	+4,855	+4,952	S	—0,405	—0,414	% S < 0,4	+0,033	+0,034
	17	Cl	—	—1,19	—	—	+5,778	Cl	—	—0,447	—	—	+0,037

	18	Ar	—	0,0	—	—	0,0	Ar	—	+0,020	—	—	—0,002
	19	K	—	+0,77	—	—	—3,738	K	—	+0,301	—	—	—0,025
	20	Ca	—	+0,66	—	—	—3,204	Ca	—	+0,253	—	—	—0,021
	21	Sc	—	+0,55	—	—	—2,670	Sc	—	+0,185	—	—	—0,015
	22	Ti	+0,508	+0,44	$N_{Ti} < 0,013$	—2,466	—2,136	Ti	+0,159	+0,138	% Ti < 1,6	—0,013	—0,011
	23	V	+0,359	+0,33	$N_{V} < 0,1$	—1,743	—1,602	V	+0,105	+0,097	% V < 11,0	—0,009	—0,008
	24	Cr	+0,215	+0,22	$N_{Cr} < 0,13$	—1,044	—1,068	Cr	+0,064	+0,062	% Cr < 10,0	—0,005	—0,005
	25	Mn	+0,105	+0,11	$N_{Mn} < 0,30$	—0,510	—0,534	Mn	+0,028	+0,029	% Mn < 25,0	—0,002	—0,002
	26	Fe	0,0	0,0	—	0,0	0,0	Fe	0,0	0,0	—	—	—
IV	27	Co	—0,10	—0,11	$N_{Co} < 0,20$	+0,486	+0,534	Co	—0,027	—0,029	% Co < 40,0	+0,002	+0,002
	28	Ni	—0,20	—0,22	$N_{Ni} < 0,10$	+0,971	+1,068	Ni	—0,051	—0,055	% Ni < 8,0	+0,004	+0,0045
	29	Cu	—0,313	—0,33	$N_{Cu} < 0,02$	+1,520	+1,602	Cu	—0,076	—0,080	% Cu < 3,8	+0,006	+0,0065
	30	Zn	—	—0,44	—	—	+2,136	Zn	—	—0,102	—	—	+0,008
	31	Ga	—	—0,55	—	—	+2,670	Ga	—	—0,122	—	—	+0,010
	32	Ge	—0,677	—0,66	$N_{Ge} < 0,1$	+3,286	+3,204	Ge	—0,144	—0,141	% Ge < 14	+0,012	+0,012
	33	As	—0,734	—0,77	$N_{As} < 0,07$	+3,549	+3,738	As	—0,151	—0,159	% As < 10,0	+0,012	+0,013
	34	Se	—	—0,88	—	—	+4,272	Se	—	—0,173	—	—	+0,014
	35	Br	—	—0,99	—	—	+4,807	Br	—	—0,191	—	—	+0,016
	36	Kr	—	0,0	—	—	0,0	Kr	—	—0,017	—	—	+0,001
	37	Rb	—	+0,77	—	—	—3,738	Rb	—	+0,110	—	—	—0,009
	38	Sr	—	+0,66	—	—	—3,204	Sr	—	+0,089	—	—	—0,007
	39	Y	—	+0,55	—	—	—2,670	Y	—	+0,069	—	—	—0,006
	40	Zr	—	+0,44	—	—	—2,136	Zr	—	+0,049	—	—	—0,004
	41	Nb	+0,51	+0,33	$N_{Nb} < 0,045$	—2,475	—1,602	Nb	+0,058	+0,030	% Nb < 9,0	—0,005	—0,002
	42	Mo	+0,24	+0,22	$N_{Mo} < 0,14$	—1,165	—1,068	Mo	+0,014	+0,012	% Mo < 2,0	—0,001	—0,001
	43	Tc	—	+0,11	—	—	—0,534	Tc	—	—0,001	—	—	0,000
V	44	Ru	0,0	0,0	$N_{Ru} < 0,008$	0,0	0,0	Ru	—0,020	—0,023	% Ru < 1,5	—	+0,002
	45	Rh	—	—0,11	—	—	+0,534	Rh	—	—0,038	—	—	+0,003
	46	Pd	—	—0,22	—	—	+1,068	Pd	—	—0,053	—	—	+0,004
	47	Ag	—	—0,33	—	—	+1,602	Ag	—	—0,067	—	—	+0,0055
	48	Cd	—	—0,44	—	—	+2,136	Cd	—	—0,081	—	—	+0,007
	49	In	—	—0,55	—	—	+2,670	In	—	—0,094	—	—	+0,008
	50	Sn	—0,70	—0,66	$N_{Sn} < 0,02$	+3,400	+3,204	Sn	—0,110	—0,105	% Sn < 4,5	+0,009	+0,009
	51	Sb	—0,79	—0,77	$N_{Sb} < 0,05$	+3,836	+3,738	Sb	—0,119	—0,117	% Sb < 15,0	+0,010	+0,010
	52	Te	—0,85	—0,88	$N_{Te} < 0,005$	+4,126	+4,272	Te	—0,122	—0,126	% Te < 1,5	+0,010	+0,010
	53	J	—	—0,99	—	—	+4,807	J	—	—0,138	—	—	+0,011

Tab. 2 (Fortsetzung)

Stellung des Zusatzelementes im Periodischen System		$\Delta N_C^{(X)} = m \cdot N_X$				$\omega_C^{(X)} = -\frac{\partial \ln N_{C_{max}}}{\partial N_X}$ (für 1500° C)		Δ % $C^{(X)} = m' \cdot$ % X				$o_C^{(X)} = -\frac{\partial \lg \% C_{max}}{\partial \% X}$ (für 1550° C)	
Periode	Ordnungszahl	Zusatzelement X	$m_{exp.}$	$m_{Syst.}$	Gültigkeitsbereich	$\omega_{exp.}$	$\omega_{Syst.}$	Zusatzelement X	$m'_{exp.}$	$m'_{Syst.}$	Gültigkeitsbereich	$o_{exp.}$	$o_{Syst.}$
	54	Xe	—	0,0	—	—	0,0	Xe	—	—0,029	—	—	+0,002
	55	Cs	—	+0,77	—	—	—3,738	Cs	—	+0,053	—	—	—0,004
	56	Ba	—	+0,66	—	—	—3,204	Ba	—	+0,038	—	—	—0,003
	57/71	SE	—	+0,55	—	—	—2,670	SE	—	—	—	—	—
	72	Hf	—	+0,44	—	—	—2,136	Hf	—	+0,0006	—	—	0,000
	73	Ta	+0,49	+0,33	$N_{Ta} < 0,03$	—2,378	—1,602	Ta	+0,004	—0,009	% Ta < 11,0	—0,0004	+0,001
	74	W	+0,256	+0,22	$N_W < 0,05$	—1,243	—1,068	W	—0,015	—0,018	% W < 18,0	+0,001	+0,001
	75	Re	—	+0,11	—	—	—0,534	Re	—	—0,027	—	—	+0,002
VI	76	Os	0,0	0,0	$N_{Os} < 0,013$	0,0	0,0	Os	—0,035	—0,035	% Os < 4,0	+0,003	+0,003
	77	Ir	—	—0,11	—	—	+0,534	Ir	—	—0,044	—	—	+0,004
	78	Pt	—0,224	—0,22	$N_{Pt} < 0,015$	+1,087	+1,068	Pt	—0,052	—0,052	% Pt < 6,0	+0,004	+0,004
	79	Au	—0,333	—0,33	$N_{Au} < 0,024$	+1,602	+1,602	Au	—0,060	—0,060	% Au < 10,0	+0,005	+0,005
	80	Hg	—	—0,44	—	—	+2,136	Hg	—	—0,067	—	—	+0,0055
	81	Tl	—	—0,55	—	—	+2,670	Tl	—	—0,074	—	—	+0,006
	82	Pb	—	—0,66	—	—	+3,204	Pb	—	—0,082	—	—	+0,007
	83	Bi	—	—0,77	—	—	+3,738	Bi	—	—0,089	—	—	+0,007
	84	Po	—	—0,88	—	—	+4,272	Po	—	—0,096	—	—	+0,008
	85	At	—	—0,99	—	—	+4,078	At	—	—0,103	—	—	+0,008
	86	Rn	—	0,0	—	—	0,0	Rn	—	—0,037	—	—	+0,003
VII	87	Fr	—	+0,77	—	—	—3,738	Fr	—	+0,012	—	—	—0,001
	88	Ra	—	+0,66	—	—	—3,204	Ra	—	+0,004	—	—	0,000
	89	Ac	—	+0,55	—	—	—2,670	Ac	—	—0,003	—	—	0,000
	90	Th	—	+0,55	—	—	—2,670	Th	—	—0,004	—	—	0,000
	91	Pa	—	+0,55	—	—	—2,670	Pa	—	—0,004	—	—	0,000
	92	U	+0,53	+0,55	$N_U < 0,01$	—2,573	—2,670	U	—0,006	—0,005	% U < 5,0	0,000	0,000
	.	.						.					

In Abb. 14a ist das bekannte auf Molenbruchkonzentration bezogene Netzdiagramm, welches den Zusammenhang zwischen den Löslichkeitsfaktoren *m* und dem Aufbau des Periodischen Systems erkennen läßt, wiedergegeben. Die bisher vorliegenden experimentellen Werte sind durch schwarze Punkte, die vermuteten durch offene Kreise und die neuen experimentellen Ergebnisse durch Kreuze gekennzeichnet. Diese fügen sich zwanglos in das nach Perioden und Gruppen angeordnete Netz ein und zeigen gute Übereinstimmung mit den vermuteten Werten. Die in Form des Netzdiagrammes angenommenen Beziehungen finden somit eine weitere Bestätigung. Bemerkenswert ist allerdings, daß die *m*-Werte für die Elemente der Gruppen IVa und Va, die als starke Karbidbildner bekannt sind, fast alle eine Abweichung nach oben aufweisen, so daß geprüft werden müßte, ob es sich hierbei um experimentelle Unsicherheit handelt oder ob die (den Elementen einer Periode zugeordneten)Netzlinien in diesem Bereich steiler verlaufen. Der Temperatureinfluß spielt hierbei möglicherweise auch eine Rolle (s. z. B. Abb 3 für Vanadium und Abb. 5 für Tantal). In Tab. 2 sind sowohl die experimentell ermittelten als auch die vermuteten Löslichkeitsfaktoren *m* für alle Elemente zusammengestellt.

Ausgehend von den *m*-Werten nach Abb. 14a (s. auch Tab. 2) wurden die Löslichkeitsfaktoren *m'* – bezogen auf Gewichtsprozent – mit Hilfe der Gl. (3) berechnet, in Tab. 2 zusammengestellt und entsprechend Abb. 14a graphisch wiedergegeben (Abb. 14b). Die experimentellen Ergebnisse ordnen sich zwangsläufig in der gleichen Weise wie bei Molenbruchdarstellung (Abb. 14a) ein.

Der lineare und übersichtliche Netzaufbau, wie er für Molenbruchdarstellung zutrifft (Abb. 14a), bleibt bei Verwendung von Gewichtsprozent als Konzentrationsmaß nicht erhalten, sondern erfährt als Folge der unterschiedlichen Atomgewichte der Elemente, was beim Rechnen mit Gewichtsprozent nicht berücksichtigt wird, eine Verzerrung, die mit abnehmendem Atomgewicht stärker wird. Die Nullinie der Abb. 14a wird in Abb. 14b zu einer Kurve, deren Nulldurchgang bei der Ordnungszahl des Eisens (26) liegt. Die beiden Bezugsysteme sind also nur für die IV. Periode (Eisenperiode) identisch. Demzufolge tritt bei Elementen mit niedrigerer Ordnungszahl als der des Eisens eine Verschiebung zu höheren und im anderen Fall zu geringeren Werten ein.

Den Elementen der Nullinie, den Edelgasen Helium, Neon, Argon, Krypton Xenon und Radon und den mit dem Eisen in einer Gruppe stehenden Elementen Ruthenium und Osmium kommt daher bei Gewichtsprozentdarstellung ein Einfluß zu, der bei Elementen mit niedrigerer Ordnungszahl als der des Eisens zu positivem und im anderen Falle zu negativem *m'* führt. Dieses wird durch die vorliegenden Untersuchungsergebnisse für ruthenium- und osmiumhaltige Schmelzen bestätigt.

Für solche Elemente, die in Abb. 14a nahe der Nullinie liegen, kann diese Verschiebung zu einer Umkehrung des Vorzeichens von *m* führen, so bei Rhenium und Wolfram, während *m'* für Tantal, Uran und Hafnium praktisch Null werden. Hierbei handelt es sich also um eine Verschiebung, die durch die großen Unterschiede der Atomgewichte rechnerisch zustande kommt.

Wirkungsparameter und Wirkungskoeffizienten

Die Sättigungskonzentrationen des Kohlenstoffs entsprechen nach einer zweckmäßigen und gebräuchlichen Vereinbarung dem Standardzustand, in dem die Kohlenstoffaktivität den Wert $a_C = 1$ hat. Aus der allgemeinen Definitionsgleichung des Aktivitätskoeffizienten

$$\gamma_C = \frac{a_C}{N_C} \tag{4}$$

ergibt sich nunmehr die Größe für die kohlenstoffgesättigten binären Lösungen zu

$$\gamma_C = \frac{1}{N_{C_{max}}} \quad \text{oder} \quad \ln \gamma_C = \ln N_{C_{max}} \tag{5}$$

Für das ternäre System erhält man in ähnlicher Form

$$\gamma_C = \frac{1}{N_{C_{max}}^{(X)}} \quad \text{oder} \quad \ln \gamma_C = -\ln N_{C_{max}}^{(X)} \tag{6}$$

$$\ln \gamma_C = -\ln (N_{C_{max}} + \Delta N_C^{(X)}) \tag{7}$$

$$\ln \gamma_C = -\ln (N_{C_{max}} + m \cdot N_X) \tag{8}$$

Die Veränderung des Aktivitätskoeffizienten im binären System Fe—C durch den Einfluß des hinzutretenden Stoffes X kann mit Hilfe der Wirkungsparameter dargestellt werden [8]:

$$\ln \gamma_C = \ln \gamma_C^{(o)} + N_C \frac{\partial \ln \gamma_C}{\partial N_C} + N_X \frac{\partial \ln \gamma_C}{\partial N_X} \tag{9}$$

Die Quotienten

$$\frac{\partial \ln \gamma_C}{\partial N_C} = \omega_C^{(C)} \quad \text{und} \quad \frac{\partial \ln \gamma_C}{\partial N_X} = \omega_C^{(X)} \tag{10}$$

entsprechend den Wirkungsparametern des Kohlenstoffs und des Zusatzelementes X. Jedoch ist darauf aufmerksam zu machen, daß die hier dargestellten Beziehungen zunächst nur für kohlenstoffgesättigte Lösungen abgeleitet sind, d. h. für eine *gegebene Aktivität*, hier $a_C = 1$. Daraus ergibt sich, daß die Beziehungen zwischen der Kohlenstoffaktivität und der Konzentration der Zusatzelemente X nur auf der Basis jeweils gleichgehaltener Aktivität möglich sind, d. h. es ist zusätzlich:

$$\ln N_C = \ln a_C - \left[\ln \gamma_C^{(Fe)} + \ln \gamma_{C\,(a_C = \text{const})}^{(x)}\right] \tag{11}$$

wobei $\ln \gamma^{(X)}_{C(a_C = \text{const})}$ einen anderen Wert hat wie derjenige, den man zur Berechnung der Aktivitäten auf der Basis gleichbleibender Konzentration N_C zu verwenden hat, nämlich:

$$\ln a_C = \ln N_C + \ln \gamma_C^{(Fe)} + \ln \gamma^{(X)}_{C(N_C = \text{const})} \tag{12}$$

E. T. TURKDOGAN [9] und in einer neueren Arbeit H. SCHENCK und Mitarbeiter [6] haben diese Unterschiede scharf herausgearbeitet und den unterschiedlichen Wirkungsparametern eine entsprechende unterschiedene Bezeichnung zugelegt, nämlich:

$$\ln \gamma^{(X)}_{C(a_C = \text{const})} = \omega_C^{(X)} \cdot N_X \tag{11a}$$

und

$$\ln \gamma^{(X)}_{C(N_C = \text{const})} = \varepsilon_C^{(X)} \cdot N_X \tag{12a}$$

Wenn an Stelle von Molenbrüchen mit Gewichtsprozenten gerechnet werden soll, wird in gleicher Weise sinngemäß unterschieden:

$$\log f^{(X)}_{C(a_C = \text{const})} = o_C^{(X)} \cdot \% \, X \tag{11b}$$

und

$$\log f^{(X)}_{C(\% C = \text{const})} = e_C^{(X)} \cdot \% \, X \tag{12b}$$

Für Zweistoffsysteme (Fe—C) wird (mit der Randbedingung N_C oder $\% \, C \approx 0$):

$$\varepsilon = \omega \quad \text{und} \quad e = o$$

Im Hinblick auf die hier vorliegende konstante Aktivität (des Kohlenstoffs) ist Gl. (11) oder (11a und b) zu wählen; Gl. (9) erscheint daher in der Form:

$$\ln \gamma_C = \ln \gamma_C^{(o)} + N_C \, \omega_C^{(C)} + N_X \, \omega_C^{(X)} \tag{13}$$

Differenziert man Gl. (8) nach ∂N_X, bildet also den Differentialkoeffizienten

$$\frac{\partial \ln \gamma_C}{\partial N_X}$$

so ergibt sich für den Wirkungsparameter:

$$\frac{\partial \ln \gamma_C}{\partial N_X} = - \frac{m}{N_{C_{max}} + m \cdot N_X} \tag{14}$$

Ist $\Delta N_C^{(X)}$ keine lineare Funktion von N_X, wie es in Gl. (8) und somit auch für Gl. (14) angenommen wurde, so braucht man nur die entsprechende Beziehung für $\Delta N_C^{(X)}$ (im Falle einer quadratischen Abhängigkeit z. B.: $\Delta N_C^{(X)} = m_1 \cdot N_X + m_2 \cdot N_X^2$) in Gl. (7) einzusetzen und diese nach ∂N_X zu differenzieren.

Mit Gl. (14) wird die Möglichkeit geschaffen, aus den m-Werten die Wirkungsparameter zu berechnen. Die in Tab. 2 zusammengestellten m-Werte sind auf den

Bereich verdünnter Lösungen – also für $N_X \to 0$ – bezogen. Unter dieser Voraussetzung vereinfacht sich die Gl. (14) zu:

$$\boxed{\frac{\partial \ln \gamma_C}{\partial N_X} = -\frac{m}{N_{C_{max}}} = \omega_C^{(X)}} \tag{15}$$

Bei konstanter Temperatur bleibt $N_{C_{max}}$ (Sättigungsgehalt im Zweistoffsystem) unverändert, so daß sich eine lineare Zuordnung der Wirkungsparameter zu den m-Werten ergibt. Aus diesem Grunde trifft der in Abb. 14a aufgezeigte Zusammenhang mit dem Aufbau des Periodischen Systems auch für die Wirkungsparameter zu. Sie wurden nach Gl. (15) für 1550° C berechnet und sind in Tab. 2 zusammengestellt. Gleichzeitig wurde in Abb. 14a auf der rechten Seite eine Skala für $\omega_C^{(X)}$ hinzugefügt.

Für *Gewichtsprozentdarstellung* ergeben sich ähnliche Ableitungen:

$$\text{Zweistoffsystem:} \quad f_C = \frac{1}{\%\,C_{max}} \quad \text{oder} \quad \log f_C = -\log \%\,C_{max} \tag{5a}$$

$$\text{Dreistoffsystem:} \quad f_C = \frac{1}{\%\,C_{max}^{(X)}} \quad \text{oder} \quad \log f_C = -\log \%\,C_{max}^{(X)} \tag{6a}$$

$$\log f_C = -\log (\%\,C_{max} + \Delta\,\%\,C^{(X)}) \tag{7a}$$

$$\log f_C = -\log (\%\,C_{max} + m' \cdot \%\,X) \tag{8a}$$

Entsprechend Gl. (9):

$$\log f_C = \log f_C^{(o)} + \%\,C \cdot \frac{\partial \log f_C}{\partial \%C} + \%\,X \cdot \frac{\partial \log f_C}{\partial \%X} \tag{9a}$$

Der Wirkungsparameter gemäß Gl. (11b):

$$\frac{\partial \log f_C}{\partial \%X} = o_C^{(X)} \tag{10a}$$

wird wiederum durch Differenzierung von Gl. (8a) ermittelt:

$$\frac{\partial \log f_C}{\partial \%X} = -\frac{m'}{(\%C_{max} + m' \cdot \%\,X) \cdot 2{,}3026} \tag{14a}$$

für die verdünnte Lösung – also $\%\,X \to 0$ – erhält man

$$\boxed{\frac{\partial \log f_C}{\partial \%X} = -\frac{m'}{\%\,C_{max} \cdot 2{,}3026} = o_C^{(X)}} \tag{15a}$$

Die nach Gl. (15a) ermittelten Wirkungsparameter $o_C^{(X)}$ sind ebenfalls in Tab. 2 zusammengestellt und in Abb. 14b auf der rechten Ordinatenseite eingetragen. Die Berechnung der Wirkungsparameter $o_C^{(X)}$ – bezogen auf Gewichtsprozent –

ist auch aus $\omega_{\mathrm{C}}^{(\mathrm{X})}$ möglich. H. SCHENCK, M. G. FROHBERG und E. STEINMETZ [6] leiteten hierzu eine Beziehung ab, die für den Bereich geringer X-Konzentrationen (% X → 0) zu den gleichen Werten führt. Sie lautet:

$$o_{\mathrm{C}}^{(\mathrm{X})} = 0{,}00434 \cdot \left[(\omega_{\mathrm{C}}^{(\mathrm{X})} - 1)\,\frac{M_{\mathrm{Fe}}}{M_{\mathrm{X}}} + 1\right] \tag{16}$$

Dies ist eine Erweiterung der von J. CHIPMAN [10] aufgestellten Beziehung:

$$e_{\mathrm{C}}^{(\mathrm{X})} = 0{,}00434\,\frac{M_{\mathrm{Fe}}}{M_{\mathrm{X}}} \cdot \varepsilon_{\mathrm{C}}^{(\mathrm{X})} \tag{17}$$

die für die annähernde Übereinstimmung der Atomgewichte des Eisens und des Zusatzelementes X abgeleitet wurde.

Mit Hilfe der Wirkungsparameter lassen sich die *Wirkungskoeffizienten* $\gamma_{\mathrm{C}}^{(\mathrm{X})}$ für Molenbruch und $f_{\mathrm{C}}^{(\mathrm{X})}$ für Gewichtsprozentdarstellung nach den Gln. (11a) oder (11b) und (14) oder (14a) berechnen. Allerdings besteht auch die wesentlich einfachere Möglichkeit, die auf konstante Aktivität bezogenen Wirkungskoeffizienten direkt aus den Sättigungskonzentrationen der Zwei -und Dreistofflösungen nach den Gleichungen

$$\gamma_{\mathrm{C}}^{(\mathrm{X})} = \frac{N_{\mathrm{C_{max}}}}{N_{\mathrm{C_{max}}}^{(\mathrm{X})}} = \frac{N_{\mathrm{C_{max}}}}{N_{\mathrm{C_{max}}} + m \cdot N_{\mathrm{X}}} \tag{18}$$

bzw.

$$f_{\mathrm{C}}^{(\mathrm{X})} = \frac{\%\,\mathrm{C_{max}}}{\%\,\mathrm{C_{max}^{(X)}}} = \frac{\%\,\mathrm{C_{max}}}{\%\,\mathrm{C_{max}} + m' \cdot \%\,\mathrm{X}} \tag{18a}$$

zu bestimmen, wie es in einer der vorangegangenen Arbeiten [2] mitgeteilt wurde. Für die experimentell untersuchten Systeme wurden die auf 1550° C bezogenen Ergebnisse in den Abb. 15a und b zusammengestellt und gleichzeitig die Werte aus den vorangegangenen Arbeiten eingezeichnet.

Infolge des Temperatureinflusses auf die Kohlenstoffsättigungsgehalte

$$N_{\mathrm{C_{max}}} \quad \text{und} \quad \%\,\mathrm{C_{max}}$$

die in die Gln. (14) und (14a) oder (18) und (18a) eingehen, ergibt sich eine geringfügige Temperaturabhängigkeit der Wirkungskoeffizienten dergestalt, daß sie mit steigender Temperatur gegen 1 gehen.

Nur teilweise ist bekannt, inwieweit die Wirkungsparameter und Wirkungskoeffizienten auf Vielstoffsysteme übertragen werden können. Für einige Systeme [1, 7] konnte ein additives Verhalten beim Übergang von Drei- zu Vielstoffsystemen nachgewiesen werden, was allerdings zum Teil auf geringe Konzentrationen der Zusatzelemente beschränkt bleibt.

Weit unsicherer ist die Übertragung der Wirkungsparameter und Wirkungskoeffizienten auf »nicht an Kohlenstoff gesättigte Lösungen«. Aus bekannten Untersuchungsergebnissen [5, 11] für kohlenstoffverdünnte Schmelzen läßt sich der Schluß ziehen, daß die Wirkung der Zusatzelemente von der Größe der Kohlenstoffaktivität selbst abhängen kann und somit nicht ohne weiteres auf verdünnte Lösungen übertragen werden darf.

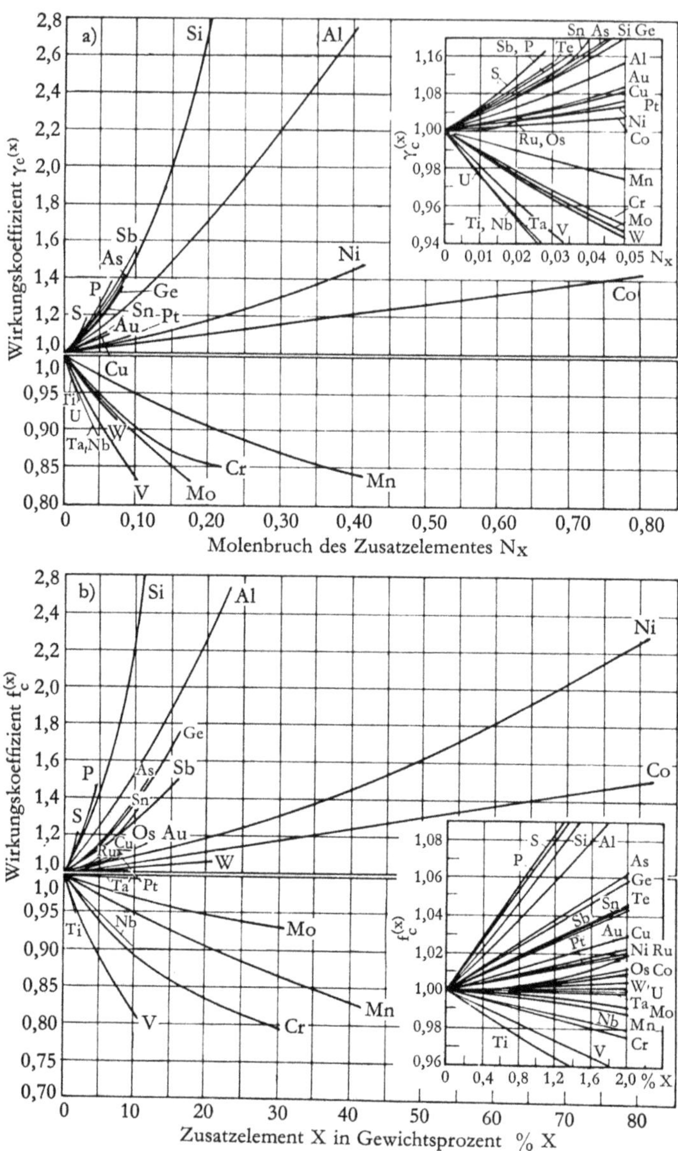

Abb. 15 Wirkungskoeffizienten $\gamma_C^{(X)}$ und $f_C^{(X)}$
in Abhängigkeit von der Konzentration des Zusatzelementes
für Kohlenstoffsättigung und 1550° C
a) in Molenbruch- und
b) in Gewichtsprozentdarstellung

Zusammenfassung

Ziel dieser Untersuchungen war es, die in vorangegangenen Arbeiten ermittelten Zusammenhänge zwischen den Einflußgrößen der Zusatzelemente auf das Verhalten des Kohlenstoffs im flüssigen Eisen und dem Aufbau des periodischen Systems zu überprüfen. Dazu wurden solche Elemente verwendet, deren Stellung im periodischen System besonders aufschlußreich für die vermuteten Beziehungen ist.

Zunächst wurden die Sättigungsgrenzen für Kohlenstoff in den verschiedenen Systemen experimentell festgelegt und die entsprechenden Löslichkeitsfaktoren errechnet. Weiterhin wurden Beziehungen zwischen den Löslichkeitsfaktoren er-errechnet. Weiterhin wurden Beziehungen zwischen den Löslichkeitsfaktoren und den Wirkungsparametern, bezogen auf konstante Aktivität des Kohlenstoffs, im vorliegenden Fall für $a_C = 1$ abgeleitet, und die hiermit errechneten Werte in einer Tafel zusammengestellt. Mit Hilfe dieser Unterlagen war es möglich, die Wirkungskoeffizienten zu bestimmen und in einer graphischen Darstellung den bereits bekannten Koeffizienten gegenüberzustellen.

Die Löslichkeitsfaktoren und die Wirkungsparameter wurden schließlich mit den vermuteten Werten, die sich aus den Beziehungen zum Aufbau des Periodischen Systems ergeben, verglichen. Dabei zeigte sich eine sehr gute Übereinstimmung, so daß die angenommenen Zusammenhänge ihre Bestätigung fanden und die Wirkung aller Elemente auf das physikalisch-chemische Verhalten des Kohlenstoffs den aufgestellten Netzdiagrammen mit hinreichender Genauigkeit entnommen werden kann, ohne daß experimentelle Untersuchungen erforderlich sind.

Es ist anzunehmen, daß die in den Netzdiagrammen 14a und b aufgezeigten Zusammenhänge auch für andere Systeme, aber auch für weitere physikalisch-chemische Kenngrößen bestehen. Nach neueren Untersuchungen [12] konnte eine ähnliche Systematik für Kobalt-Kohlenstoff-X- und Nickel-Kohlenstoff-X-Schmelzen bereits festgestellt werden.

An der Durchführung der Versuche waren Dipl.-Ing. H. Dorn, Dipl.-Ing. A. Rotmann und Dipl.-Ing. J. Knittel beteiligt. Das Land Nordrhein-Westfalen stellte Geldmittel zu Verfügung, für die die Verfasser auch an dieser Stelle danken. Die chemischen Analysen wurden von der Dortmund-Hörder-Hüttenunion AG, von der Duisburger Kupferhütte, vom Institut für Eisenhüttenwesen und vom Gießereiinstitut der Technischen Hochschule Aachen durchgeführt.

Priv.-Doz. Dr.-Ing. Franz Neumann
Prof. Dr.-Ing. Hermann Schenck

Literaturverzeichnis

[1] NEUMANN, F., H. SCHENCK und W. PATTERSON, Gießerei, techn.-wiss. Beih., Nr. 23, 1959, S. 1217–1246; s. auch Handbuch der Gießerei-Technik, Bd. 1, Tl. 2, Werkstoffe II. Stand und Probleme der Normung. Berlin (usw.): Springer-Verlag 1959, S. 23–48.
[2] NEUMANN, F., und H. SCHENCK, Arch. Eisenhüttenwes. 30 (1959), S. 477–483.
[3] NEUMANN, F., H. SCHENCK und W. PATTERSON, Gießerei 47 (1960), S. 25–32.
[4] SCHENCK, H., Rev. Métallurg. 57 (1960), S. 3–11.
[5] FUWA, T., und J. CHIPMAN, Trans. metallurg. Soc. AIME 215 (1959), S. 708–716.
[6] SCHENCK, H., M. G. FROHBERG und E. STEINMETZ, Arch. Eisenhüttenwes. 31 (1960), S. 671–676.
[7] MORI, T., K. AHITA, H. ONO und H. SUGITA, Mem. Fac. Engng., Kyoto Univ., 22 (1960), S. 410–421.
[8] WAGNER, C., Thermodynamics of alloys. Cambridge/Mass. 1952, S. 51ff.
[9] TURKDOGAN, E. T., J. Iron Steel Inst. 182 (1956), S. 66–73.
[10] CHIPMAN, J., J. Iron Steel Inst. 180 (1955), S. 97–106.
[11] RICHARDSON, F. D., und W. DENNIS, J. Iron Steel Inst. 175 (1953), S. 257–263.
[12] SCHENCK, H., M. G. FROHBERG und E. STEINMETZ, Arch. Eisenhüttenwes. (demnächst).

FORSCHUNGSBERICHTE DES LANDES NORDRHEIN-WESTFALEN

Herausgegeben im Auftrage des Ministerpräsidenten Dr. Franz Meyers vom Landesamt für Forschung, Düsseldorf

HÜTTENWESEN · WERKSTOFFKUNDE

HEFT 4
Prof. Dr. med. Erich A. Müller und Dipl.-Ing. H. Spitzer, Max-Planck-Institut für Arbeitsphysiologie, Dortmund
Untersuchungen über die Hitzebelastung in Hüttenbetrieben
1952. 20 Seiten, 5 Abb., 1 Tabelle. DM 9,—

HEFT 48
Max-Planck-Institut für Eisenforschung, Düsseldorf
Spektrochemische Analyse der Gefügebestandteile in Stählen nach ihrer Isolierung
1953. 31 Seiten, 12 Abb., 5 Tabellen. DM 7,80

HEFT 49
Max-Planck-Institut für Eisenforschung, Düsseldorf
Untersuchungen über Ablauf der Desoxydation und die Bildung von Einschlüssen in Stählen
1953. 45 Seiten, 19 Abb., 3 Tabellen. Vergriffen

HEFT 50
Max-Planck-Institut für Eisenforschung, Düsseldorf
Flammenspektralanalytische Untersuchung der Ferritzusammensetzung in Stählen
1953. 34 Seiten, 15 Abb., 4 Tabellen. Vergriffen

HEFT 74
Max-Planck-Institut für Eisenforschung, Düsseldorf
Versuche zur Klärung des Umwandlungsverhaltens eines sonderkarbidbildenden Chromstahls
1954. 48 Seiten, 10 Abb. DM 14,—

HEFT 75
Max-Planck-Institut für Eisenforschung, Düsseldorf
Zeit-Temperatur-Umwandlungs-Schaubilder als Grundlage der Wärmebehandlung der Stähle
1954. 34 Seiten, 13 Abb. DM 8,70

HEFT 89
Verein Deutscher Ingenieure, Gleitlagerforschung, Düsseldorf, und Prof. Dr.-Ing. G. Vogelpohl, Göttingen
Versuche mit Preßstoff-Lagern für Walzwerke
1954. 57 Seiten, 34 Abb. Vergriffen

HEFT 96
Dr.-Ing. Paul Koch, Dortmund
Austritt von Exoelektronen aus Metalloberflächen unter Berücksichtigung der Verwendung des Effektes für die Materialprüfung
1954. 21 Seiten, 13 Abb. DM 7,—

HEFT 105
Dr.-Ing. Robert Meldau, Harsewinkel/Westf.
Auswertung von Gekörn - Analysen des Musterstaubes »Flugasche Fortuna I«
1955. 28 Seiten, 14 Abb. DM 8,50

HEFT 132
Prof. Dr. phil. nat. W. Seith, Münster
Über Diffusionserscheinungen in festen Metallen
1955. 27 Seiten, 19 Abb., 4 Tabellen. Vergriffen

HEFT 143
Prof. Dr. phil. Franz Wever, Dr. phil. Adolf Rose und Dipl.-Ing. W. Straßburg, Max-Planck-Institut für Eisenforschung, Düsseldorf
Härtbarkeit und Umwandlungsverhalten der Stähle
1955. 33 Seiten, 12 Abb., 3 Tabellen. Vergriffen

HEFT 153
Prof. Dr.phil. Franz Wever, Dr.-Ing. Wilhelm Anton Fischer und Dipl.-Ing. J. Engelbrecht, Düsseldorf
I. Die Reduktion sauerstoffhaltiger Eisenschmelzen im Hochvakuum mit Wasserstoff und Kohlenstoff
II. Einfluß geringer Sauerstoffgehalte auf das Gefüge und Alterungsverhalten von Reineisen
1955. 42 Seiten, 15 Abb., 2 Tabellen. DM 12,40

HEFT 154
Prof. Dr.-Ing. P. Bardenheuer und Dr.-Ing. Wilhelm Anton Fischer, Düsseldorf
Die Verschlackung von Titan aus Stahlschmelzen im sauren und basischen Hochfrequenzofen unter verschiedenen Schlacken
1955. 23 Seiten, 10 Abb., 1 Tabelle. DM 7,95

HEFT 162
Prof. Dr. phil. Franz Wever,
Prof. Dr. rer. techn. Albert Kochendörfer und
Dr.-Ing. Chr. Rohrbach, Max-Planck-Institut für Eisenforschung, Düsseldorf
Kennzeichnung der Sprödbruchneigung von Stählen durch Messung der Fließspannung, Reißspannung und Brucheinschnürung an dreiachsig beanspruchten Proben
1955. 46 Seiten, 26 Abb. DM 13,—

HEFT 170
Prof. Dr. phil. Franz Wever, Dr. phil. Adolf Rose und Dipl.-Ing. L. Rademacher, Max-Planck-Institut für Eisenforschung, Düsseldorf
Anwendung der Umwandlungsschaubilder auf Fragen der Werkstoffauswahl beim Schweißen und Flammhärten
1955. 51 Seiten, 25 Abb. DM 13,70

HEFT 205
Dr. Carl Schaarwächter, Laboratorium für Rostschutz und Oberflächentechnik, Düsseldorf
Über plastische Kupfer-Eisen-Phosphor-Legierungen
1956. 25 Seiten, 10 Abb., 10 Tabellen. DM 8,30

HEFT 227
Prof. Dr. phil. Franz Wever und Dr. Wolfgang Wepner, Max-Planck-Institut für Eisenforschung, Düsseldorf
Untersuchung der Alterungsneigung von weichen unlegierten Stählen durch Härteprüfung bei Temperaturen bis 300° C
1956. 24 Seiten, 20 Abb., 3 Tabellen. DM 7,95

HEFT 228
Prof. Dr. phil Franz Wever, Dr. phil. Walter Koch und Dr. rer. nat. Bernd Alexander Steinkopf, Max-Planck-Institut für Eisenforschung, Düsseldorf
Spektrochemische Grundlagen der Analyse von Gemischen aus Kohlenmonoxyd, Wasserstoff und Stickstoff
1956. 31 Seiten, 18 Abb., 1 Tabelle. DM 9,90

HEFT 229
Prof. Dr. phil. Franz Wever, Dr. phil Walter Koch und Dr.-Ing. Hanns Malissa, Max-Planck-Institut für Eisenforschung, Düsseldorf
Über die Anwendung disubstituierter Dithiocarbamate der analytischen Chemie
1955. 30 Seiten, 30 Abb., 5 Tabellen. DM 10,50

HEFT 230
Prof. Dr. phil. Franz Wever und
Dr. phil. Wolfgang Wepner, Max-Planck-Institut für Eisenforschung, Düsseldorf
Bestimmung kleiner Kohlenstoffgehalte im α-Eisen durch Dämpfungsmessung
1955. 19 Seiten, 5 Abb., 2 Tabellen. DM 7,70

HEFT 234
Dr.-Ing K. G. Speith und Dr.-Ing A. Bungeroth Duisburg
Versuche zur Steigerung des Kokillen-Schluckvermögens beim Stranggießen von Stahl
1956. 15 Seiten, 5 Abb. DM 6,15

HEFT 244
Prof. Dr. phil. Franz Wever, Dr. phil. Walter Koch und Dr. Siegfried Eckhard, Max-Planck-Institut für Eisenforschung, Düsseldorf
Erfahrungen mit der spektrochemischen Analyse von Gefügebestandteilen des Stahles
1956. 22 Seiten, 8 Abb., 2 Tabellen. DM 7,80

HEFT 263
Prof. Dr. phil. Heinrich Lange und
Dipl.-Phys. Rudolf Kohlhaas, Institut für theoretische Physik der Universität Köln
Über die Wärmeleitfähigkeit von Stählen bei hohen Temperaturen: Teil I: Literaturbericht
1956. 37 Seiten, 26 Abb., 8 Tabellen. DM 10,70

HEFT 268
Prof. Dr.-Ing. G. Vogelpohl, VDI, Max-Planck-Institut für Strömungsforschung, Göttingen
Über die Tragfähigkeit von Gleitlagern und ihre Berechnung
1956. 66 Seiten, 24 Abb., 7 Tabellen. Vergriffen

HEFT 283
Prof. Dr.-phil Franz Wever und
Dr.-Ing. Werner Lueg, Max-Planck-Institut für Eisenforschung, Düsseldorf
Warmstauchversuche zur Ermittlung der Formänderungsfestigkeit von Gesenkschmiede-Stählen
1956. 31 Seiten, 19 Abb. DM 9,90

HEFT 288
Dr. phil Kurt Brücker-Steinkuhl, Düsseldorf
Anwendung mathematisch-statischer Verfahren in der Industrie
1956. 103 Seiten, 28 Abb., 14 Tabellen. Vergriffen

HEFT 290
Dr. rer. nat. Dietrich Horstmann, Max-Planck-Institut für Eisenforschung, Düsseldorf
I. Der verstärkte Angriff des Zinks auf Eisen im Temperaturgebiet um 500° C
II. Einfluß eines Antimongehaltes auf den Angriff von Zinkschmelzen auf Eisen
1956. 36 Seiten, 33 Abb., 3 Tabellen. DM 11,90

HEFT 291
Dr.-Ing. Hans-Joachim Wiester und
Dr. rer. nat. Dietrich Horstmann, Max-Planck-Institut für Eisenforschung, Düsseldorf
Der Angriff eisengesättigter Zinkschmelzen auf silizium- und manganhaltiges Eisen
1956. 40 Seiten, 45 Abb., 8 Tabellen. DM 12,60

HEFT 311
Prof. Dr. phil. Franz Wever und
Dr. phil. nat. Max Hempel, Düsseldorf
Dauerschwingfestigkeit von Stählen bei erhöhten Temperaturen
Teil I: Erkenntnisse aus bisherigen Dauerschwingversuchen in der Wärme
1956. 36 Seiten, 19 Abb., 2 Tabellen. DM 10,90

HEFT 312
Prof. Dr. phil. Franz Wever und
Dr. phil. nat. Max Hempel, Max-Planck-Institut für Eisenforschung, Düsseldorf
Dauerschwingfestigkeit von Stählen bei erhöhten Temperaturen
Teil II: Zug-Druck-Dauerschwingversuche an zwei warmfesten Stählen bei Temperaturen von 500 bis 650°C
1956. 36 Seiten, 20 Abb., 3 Tabellen. DM 13,—

HEFT 313
Prof. Dr. phil. Franz Wever, Dr. phil. Walter Koch und Dipl.-Phys. Helga Rohde, Max-Planck-Institut für Eisenforschung, Düsseldorf
Änderungen des Habitus und der Gitterkonstanten des Zementits in Chromstählen bei verschiedenen Wärmebehandlungen
1956. 76 Seiten, 20 Abb., 8 Tabellen. DM 20,90

HEFT 314
Prof. Dr. phil. Franz Wever,
Dr.-Ing. habil. Alfred Krisch und
Dr.-Ing. Hans-Joachim Wiester, Max-Planck-Institut für Eisenforschung, Düsseldorf
Veränderungen im Gefügeaufbau von Chrom-Nickel-Molybdän-Stählen bei langzeitiger Beanspruchung im Zeitstandversuch bei 500°
1956. 35 Seiten, 26 Abb., 5 Tabellen. DM 11,70

HEFT 315
Prof. Dr. phil. Franz Wever und
Dr.-Ing. habil. Alfred Krisch, Max-Planck-Institut für Eisenforschung, Düsseldorf
Metallkundliche Untersuchungen an Zeitstandproben
1956. 25 Seiten, 12 Abb. DM 9,15

HEFT 336
Dr. phil. Tung-ping Yao, Gießerei-Institut der Rhein.-Westf. Technischen Hochschule Aachen
Die Viskosität metallischer Schmelzen
1956. 53 Seiten, 28 Abb., 2 Tabellen. DM 14,40

HEFT 342
Prof. Dr.-Ing. Helmut Winterhager und
Dipl.-Ing. Wolfgang Barthel, Aachen
Die Gewinnung von Titan-Schlacken-Konzentraten aus eisenreichen Ilmeniten
1956. 47 Seiten, 30 Abb., 6 Tabellen. DM 13,30

HEFT 348
Prof. Dr.-Ing. Eugen Piwowarsky † und
Dr.-Ing. Ernst Günter Nickel. Gießerei-Institut der Rhein.-Westf. Technischen Hochschule Aachen
Metallurgie eines hochwertigen Gußeisens mit kompakter bis kegelförmiger Graphitausbildung
1956. 46 Seiten, 27 Abb., 5 Tabellen. DM 13,30

HEFT 349
Dr.-Ing. Wilhelm-Anton Fischer,
Dr.-Ing. Helmut Treppschuh und
Dr.-Ing. Karl Heinz Köthemann, Max-Planck-Institut für Eisenforschung, Düsseldorf
Tiegel aus Schmelzmagnesia für Vakuuminduktionsöfen
1957. 23 Seiten, 14 Abb. DM 8.40

HEFT 367
Dr. rer. nat. Dietrich Horstmann, Max-Planck-Institut für Eisenforschung, Düsseldorf
Der Angriff eisengesättigter Zinkschmelzen auf kohlenstoff-, schwefel- und phosphorhaltiges Eisen
1957. 42 Seiten, 22 Abb., 6 Tabellen. DM 12,85

HEFT 392
Prof. Dr. phil. Franz Wever,
Dr. phil. Walter Koch, Düsseldorf,
Dr.-Ing. Helmut Knüppel,
Dr. rer. nat. Bernd Alexander Steinkopf,
Dipl.-Ing. Karl Ernst Mayer und
Dipl.-Phys. Gert Wiethoff, Dortmund
Untersuchungen über den Konverterrauch im Hinblick auf die spektrale Überwachung des Thomasprozesses
1957. 36 Seiten, 14 Abb., 4 Tabellen. DM 12,10

HEFT 407
Prof. Dr.-Ing. Dr.-Ing. E. h. Hermann Schenk, Aachen und Dr.-Ing. Werner Wenzel, Bad Godesberg
Entwicklungsarbeiten auf dem Gebiete der Verhüttung von Erzstaub in Schmelzkammern
1957. 71 Seiten, 9 Abb., 18 Tabellen. DM 17,10

HEFT 408
Prof. Dr. phil. Franz Wever, Dr.-Ing. Werner Lueg und Dr.-Ing. Hans Günter Müller, Max-Planck-Institut für Eisenforschung, Düsseldorf
Kraft- und Arbeitsbedarf beim Warmscheren von Stahl in Abhängigkeit von Temperatur und Schnittgeschwindigkeit
1957. 33 Seiten, 15 Abb., 3 Tabellen. DM 11,35

HEFT 409
Prof. Dr. phil. Franz Wever,
Dr. phil. Walter Koch,
Dr. rer. nat. Christa Ilschner-Gensch und
Dipl.-Phys. Helga Rohde, Max-Planck-Institut für Eisenforschung, Düsseldorf
Das Auftreten eines kubischen Nitrids in aluminiumlegierten Stählen
1957. 26 Seiten, 12 Abb., 3 Tabellen. DM 10,10

HEFT 410
Prof. Dr. phil. Franz Wever,
Prof. Dr. rer. techn. Albert Kochendörfer,
Dr. phil. nat. Max Hempel und
Dipl.-Phys. Emil Hillenhagen, Max-Planck-Institut für Eisenforschung, Düsseldorf
Biegewechselversuche mit Flachproben aus Alpha-Eisen-Kristallen zur Bestimmung der Wechselfestigkeit und der Gleitspuren
1957. 100 Seiten, 58 Abb., 3 Tabellen. DM 30,—

HEFT 455
Dr.-Ing. Wilhelm Anton Fischer,
Dr.-Ing. Helmut Treppschuh und
Dipl.-Phys. Karl Heinz Köthemann, Max-Planck-Institut für Eisenforschung, Düsseldorf
Erschmelzung von Reinsteisen nach dem Kohlenstoffproduktionsverfahren und Kerbschlagzähigkeit-Temperatur-Kurven dieses Eisens
1957. 25 Seiten, 7 Abb., 6 Tabellen. DM 9,35

HEFT 456
Privatdozent Dr.-Ing. Karl Bungardt, Krefeld
Zeitstandversuche an austenitischen Stählen und Legierungen
1958. 23 Seiten und Anhang mit Abbildungen und Tafeln z. T. auf Falttafeln. DM 19,85

HEFT 457
Prof. Dr. phil. Franz Wever und
Dr. phil. Wolfgang Wepner, Max-Planck-Institut für Eisenforschung, Düsseldorf
Dämpfungsmessungen an schwach gereckten Eisen-Kohlenstoff-Legierungen
1957. 22 Seiten, 7 Abb., 3 Tabellen. DM 8,40

HEFT 458
Prof.-Ing. Dr.-Ing. E. h. Hermann Schenk und
Dr.-Ing. Eugen Schmidtmann, Aachen,
Dr.-Ing. Hans Kosmider, Dr.-Ing. Herbert Neuhaus und Dr.-Ing. Alfred Krüger, Haspe
Das Frischen von Thomas-Roheisen mit Sauerstoff-Wasserdampf-Gemischen und die Eigenschaften der damit erblasenen Stähle
1957. 50 Seiten, 56 Abb. DM 16,35

HEFT 459
Prof. Dr. phil. Franz Wever,
Dr. phil. Otto Krisement und Hanna Schädler, Max-Planck-Institut für Eisenforschung, Düsseldorf
Ein isothermes Mikrokalorimeter zur kinetischen Messung von Umwandlungs- und Ausscheidungsvorgängen in Legierungen
1957. 31 Seiten, 14 Abb. DM 10,75

HEFT 460
Prof. Dr. phil. Franz Wever und
Dr. rer. nat. Bernhard Ilschner, Max-Planck-Institut für Eisenforschung, Düsseldorf
Ein isothermes Lösungskalorimeter zur Bestimmung thermo-dynamischer Zustandsgrößen von Legierungen
1957. 31 Seiten, 7 Abb., 4 Tabellen. DM 10,40

HEFT 461
Prof. Dr.-Ing. habil. Eugen Piwowarsky †
Prof. Dr.-Ing. Wilhelm Patterson und
Dipl.-Ing. Friedrich Wilhelm Iske, Gießerei-Institut der Rhein.-Westf. Technischen Hochschule Aachen
Verbesserung der Zähigkeitseigenschaften von Bessemer-Stahlguß
1957. 41 Seiten, 15 Abb., 16 Tabellen. DM 12,75

HEFT 492
Prof. Dr. phil. Josef Meixner und
Dr. rer. nat. Bruno Manz, Institut für theoretische Physik der Rhein.-Westf. Technischen Hochschule Aachen
Zur Theorie der irreversiblen Prozesse in α-Eisen
1958. 10 Seiten, 1 Abb. DM 5,70

HEFT 519
Prof. Dr. phil. Franz Wever,
Dr. phil. Walter Koch und
Dr. phil. Siegfried Eckhard, Max-Planck-Institut für Eisenforschung, Düsseldorf
Die spektrographische Bestimmung der Spurenelemente in Stahl ohne vorherige Abbrennung
1958. 36 Seiten, 22 Abb. DM 12,60

HEFT 542
Dr. phil. nat. Gerhard Zapf, Schwelm
Entwicklung eines Verfahrens zur Herstellung von Formteilen aus Sintermessing
1958. 43 Seiten, 23 Abb., 7 Tabellen. DM 15,15

HEFT 552
Dr.-Ing. Gerhard Leiber und
Dipl.-Ing. Dieter Schauwinhold, Duisburg-Hamborn
Versuche zur Erzeugung halbberuhigten Stahles
1958. 28 Seiten, 23 Abb., 6 Tabellen. DM 11,30

HEFT 562
Prof. Dr.-Ing. Dr.-Ing. E. h. Hermann Schenck
Prof. Dr. phil. habil. Norbert G. Schmahl und
Dr.-Ing. Götz Funke, Institut für Eisenhüttenwesen der Rhein.-Westf. Technischen Hochschule Aachen
Die Reduzierbarkeit von Eisenerzen
1958. 101 Seiten, 89 Abb., 10 Tabellen. DM 29,25

HEFT 573
Prof. Dr. phil. Franz Wever,
Dr. rer. nat. Werner Jellinghaus und
Dr.-Ing. Toshimori Shuin, Max-Planck-Institut für Eisenforschung Düsseldorf
Gemischt-keramische Sinterwerkstoffe aus Aluminiumoxyd und Eisen oder Eisenlegierungen
1958. 76 Seiten, 39 Abb., 17 Tabellen. DM 22,65

HEFT 586
Dr.-Ing. Wilhelm Anton Fischer und
Dr. rer. nat. Alfred Hoffmann, Max-Planck-Institut für Eisenforschung, Düsseldorf
Verhalten von Eisen- und Stahlschmelzen im Hochvakuum
1958. 41 Seiten, 10 Abb., 13 Tabellen. DM 14,50

HEFT 597
Prof. Dr. phil. Franz Wever,
Dr. phil. Wilhelm Wink und
Dr. rer. nat. Werner Jellinghaus, Max-Planck-Institut für Eisenforschung, Düsseldorf
Suszeptibilitätsmessungen an hochwarmfesten Legierungen auf Nickel-Chrom- und Kobalt-Nickel-Chrom-Grundlage
1958. 34 Seiten, 10 Abb., 5 Tabellen. DM 12,—

HEFT 599
Prof. Dr. phil. Walter Koch und
Dipl.-Phys. Dr. phil. Heinz Sundermann, Max-Planck-Institut für Eisenforschung, Düsseldorf
Elektrochemische Grundlagen der Isolierung von Gefügebestandteilen in metallischen Werkstoffen
1958. 50 Seiten, 26 Abb., 2 Tabellen. DM 17,60

HEFT 600
Prof. Dr. phil. Walter Koch, Dr. phil. Siegfried Eckhard und Dr. rer. nat. Friedrich Stricker, Max-Planck-Institut für Eisenforschung, Düsseldorf
Die lichtelektrische Spektralanalyse der Gase im Stahl
1958. 53 Seiten, 27 Abb., 9 Tabellen. DM 15,10

HEFT 620
Dr. rer. nat. Dietrich Horstmann, Max-Planck-Institut für Eisenforschung und Gemeinschaftsausschuß Verzinken, Düsseldorf
Der Einfluß von Aluminium im Eisen- und im Zinkbad auf den Zinkangriff
1958. 29 Seiten, 17 Abb., 3 Tabellen. DM 9,40

HEFT 628
Dipl.-Ing. Walter Panknin und
Dipl.-Ing. Wolfgang Möhrlin, Verein Deutscher Ingenieure ADB, Düsseldorf
Die Ermittlung der Fließkurven von Schraubenwerkstoffen *1958. 20 Seiten, 8 Abb. DM 6,40*

HEFT 630
Prof. Dr. phil. Walter Koch und
Dr. techn. Dipl.-Ing. Hanns Malissa, Max-Planck-Institut für Eisenforschung, Düsseldorf
Beiträge zur Spurenanalyse im Reinsteisen
1958. 25 Seiten, 8 Tabellen. DM 7,60

HEFT 644
Prof. Dr.-Ing. Franz Bollenrath, Institut für Werkstoffkunde an der Rhein.-Westf. Technischen Hochschule Aachen
Untersuchung einiger mechanischer Eigenschaften von Sinteraluminium S. A. P. und S. A. P.-Avional
1958. 24 Seiten, 26 Abb. DM 8,10

HEFT 697
Prof. Dr.-Ing. Theodor Gast,
Dr.-Ing. Karl-Max Frhr. v. Meysenburg und
Prof. Dr.-Ing. Otto Krischer, Technische Hochschule Darmstadt
Untersuchung über die Erwärmungsvorgänge bei der Verarbeitung härtbarer und thermoplastischer Kunststoffe
1959. 91 Seiten, 34 Abb., 4 Tabellen. DM 16,90

HEFT 706
Prof. Dr.-Ing. Dr.-Ing. E. h. Hermann Schenck und Dr.-Ing. Hans Esch, Institut für Eisenhüttenwesen der Rhein.-Westf. Technischen Hochschule Aachen
Zur Untersuchung der Hochofenvorgänge
1959. 32 Seiten, 23 Abb. DM 9,90

HEFT 737
Prof. Dr.-Ing. habil. Karl Krekeler,
Dr.-Ing. Heinz Peukert und Dipl.-Ing. Josef Eilers, Institut für Kunststoffverarbeitung an der Rhein.-Westf. Technischen Hochschule Aachen
Festigkeitsuntersuchungen an Rohren aus Thermoplasten
1959. 66 Seiten, 84 Abb. DM 19,40

HEFT 748
Prof. Dr. phil. nat. habil. Hans-Ernst Schwiete,
Dr.-Ing. Harald Knoblauch und
Dr. rer. nat. Günther Ziegler, Institut für Gesteinshüttenkunde der Rhein.-Westf. Technischen Hochschule Aachen
Die Hydratation der Verbindungen 3 $CaO \cdot SiO_2$ und ß-2 $CaO \cdot SiO_2$
1959. 56 Seiten, 22 Abb., 14 Tabellen. DM 15,70

HEFT 780
Prof. Dr. phil. Franz Wever,
Dr.-Ing. Werner Lueg und Dr.-Ing. Paul Funke, Max-Planck-Institut für Eisenforschung, Düsseldorf
Untersuchung von Walzöl und Walzölemulsionen im Kaltwalzversuch
1959. 68 Seiten, 28 Abb., mehr. Tabellen. DM 18,50

HEFT 788
Prof. Dr.-Ing. Herwart Opitz, Laboratorium für Werkzeugmaschinen und Betriebslehre an der Rhein.-Westf. Technischen Hochschule Aachen
Der Einsatz radioaktiver Isotope bei Zerspanungsuntersuchungen
1959. 35 Seiten, 23 Abb. DM 11,30

HEFT 797
Prof. Dr. phil. Heinrich Lange und
Dr. rer. nat. Rudolf Kohlhaas, Institut für theoretische Physik der Universität Köln
Über die wahre spezifische Wärme von Eisen, Nickel und Chrom bei hohen Temperaturen
Neue Verfahren zur Messung der wahren spezifischen Wärme von Metallen bei hohen Temperaturen
1960. 115 Seiten, 38 Abb., 24 Tabellen. DM 31,20

HEFT 798
Dr. rer. nat. Karl Wassmann, Mönchengladbach
Einfluß der Schutzgasatmosphäre auf die Eigenschaften von Sinterstahl
1959. 94 Seiten, 65 Abb., 19 Tabellen. DM 27,—

HEFT 799
Dipl.-Ing. Helmut Weiss, Frankfurt a. M.
Aufkohlung und Härtung von Sintereisen-Werkstoffen
1960. 61 Seiten, 56 Abb., 2 Tabellen. DM 18,80

HEFT 800
Dipl.-Ing. Otto Schindler, Lehrstuhl für Stahlbau, Technische Hochschule Hannover
Untersuchungen an geschweißten Hüttenkranen
Ein Beitrag zur Berechnung dünnwandiger Hohlkästen
1959. 46 Seiten, 14 Abb., 2 Tabellen. DM 13,20

HEFT 801
Baurat Dipl.-Ing. Waldemar Gesell, Staatliche Ingenieurschule für Maschinenwesen, Duisburg
Ersatz von Quarzsand als Strahlmittel
1960. 66 Seiten, 12 Abb., 4 Tabellen. 17 Diagramme. DM 18,90

HEFT 833
Prof. Dr.-Ing. Helmut Winterhager und Dr.-Ing. Dan Hubert Hermes, Institut für Metallhüttenwesen und Elektrometallurgie der Rhein.-Westf. Technischen Hochschule Aachen
Anodennebenreaktionen bei der Silberraffinationselektrolyse
1960. 55 Seiten, 21 Abb., 10 Tabellen. DM 15,60

HEFT 834
Prof. Dr.-Ing. Helmut Winterhager und Dr.-Ing. Klaus Reiprich, Institut für Metallhüttenwesen und Elektrometallurgie der Rhein.-Westf. Technischen Hochschule Aachen
Studie über den Glänzabbau des Reinstaluminiums in Flußsäure enthaltenden chemischen Glänzbädern
1960. 92 Seiten, 88 Abb., 7 Tabellen. DM 27,30

HEFT 840
Prof. Dr. phil. Franz Wever, Dr.-Ing. Hans-Günter Müller und Dr.-Ing. Paul Funke, Max-Planck-Institut für Eisenforschung, Düsseldorf
Versuchsmäßige und rechnerische Bestimmung von Walzkraft und Drehmoment unter Einwirkung von Bandzugspannungen beim Kaltwalzen von Bandstahl
1960. 36 Seiten, 12 Abb., 3 Tafeln. DM 10,90

HEFT 841
Dr. rer. nat. Hubert Blanck, Max-Planck-Institut für Eisenforschung, Düsseldorf
Untersuchungen zur Kinetik des Martensitzerfalls
1960. 33 Seiten, 11 Abb., 2 Tabellen. DM 10,30

HEFT 849
Direktor Ludwig Martin, Wuppertal-Elberfeld und Friedrich Steiner, Ratingen
Weiterentwicklung von Friktionswerkstoffen
1960. 66 Seiten, 70 Abb., 3 Tabellen. DM 20,50

HEFT 939
Prof. Dr.-Ing. habil. Wilhelm Petersen und Dipl.-Ing. Hans Mingenbach, Dozentur für Brikettierung der Rhein.-Westf. Technischen Hochschule Aachen
Untersuchungen über die Herstellung von Erzbriketts
1961. 83 Seiten, 67 Abb., 2 Tabellen. DM 25,60

HEFT 957
Prof. Dr.-Ing. Dr.-Ing. E. h. Hermann Schenck, Prof. Dr.-Ing. Eugen Schmidtmann und Dr.-Ing. Helmut Brandis, Institut für Eisenhüttenwesen der Rhein.-Westf. Technischen Hochschule Aachen
Mechanische und physikalische Prüfverfahren zur Ermittlung der Vorgänge bei der Abschreck- und Verformungsalterung
1961. 47 Seiten, 34 Abb. DM 14,90

HEFT 958
Prof. Dr.-Ing. Dr.-Ing. E. h. Hermann Schenck, Prof. Dr.-Ing. Eugen Schmidtmann und Dr.-Ing. Heinz Müller, Institut für Eisenhüttenwesen der Rhein.-Westf. Technischen Hochschule Aachen
Untersuchungen zur Isolierung von Einschlüssen und Korngrenzensubstanzen in Eisenwerkstoffen nach dem Dünnschliffverfahren. Innere Oxydation von Eisenlegierungen
1961. 50 Seiten, 33 Abb., 2 Tabellen. DM 15,90

HEFT 961
Prof. Dr.-Ing. Wilhelm Patterson und Dr.-Ing. Dietmar Boenisch, Gießerei-Institut der Rhein.-Westf. Technischen Hochschule Aachen
Eigenschaften und Eigenschaftsänderungen der Tonmineralien in Formsanden
1961. 33 Seiten, 16 Abb. DM 10,90

HEFT 962
Prof. Dr.-Ing. Wilhelm Patterson und Dr.-Ing. Philipp Schneider, Gießerei-Institut der Rhein.-Westf. Technischen Hochschule Aachen
Untersuchungen über die Oberflächenfeingestalt von Gußstücken
1961. 69 Seiten, 52 Abb., 1 Bildtafel. DM 20,80

HEFT 963
Prof. Dr.-Ing. Wilhelm Patterson und Dr.-Ing. Wilhelm Weskamp, Gießerei-Institut der Rhein.-Westf. Technischen Hochschule Aachen
Versuche zur Steigerung der Temperatur in der Schmelzzone des Kupolofens und zur Erzielung eines optimalen thermischen Wirkungsgrades durch Verwendung von HC-Koks in unterschiedlicher Stückgröße
1961. 87 Seiten, 29 Abb., 30 Tabellen. DM 28,30

HEFT 964
Prof. Dr.-Ing. Wilhelm Patterson und Dr.-Ing. Friedrich Iske, Gießerei-Institut der Rhein.-Westf. Technischen Hochschule Aachen
Zusammenhang zwischen den mechanischen Eigenschaften im Gußstück und im getrennt gegossenen Probestab
1961. 82 Seiten, 53 Abb., 13 Tabellen. DM 23,80

HEFT 968
Prof. Dr.-Ing. habil. Anton Königer †, Institut für Gießereikunde der Technischen Universität Berlin
Zur Kenntnis der Passivierbarkeit und Korrosionsbeständigkeit technischer Eisensorten
1961. 25 Seiten, 7 Abb., 8 Tabellen. DM 8,90

HEFT 969
Prof. Dr. phil. Erich Scheil, Düsseldorf
Über den Zustand von Metallschmelzen
1961. 37 Seiten, 23 Abb., 2 Tabellen. DM 11,90

HEFT 970
Prof. Dr.-Ing. Anton Königer † und
Dipl.-Ing. Günther Kuhl, Institut für Gießereikunde der Technischen Universität Berlin
Der Einfluß verschiedener Begleit- und Legierungselemente auf das Viskositätsverhalten von Gußeisenschmelzen
1961. 26 Seiten, 14 Abb., 6 Tabellen. DM 8,60

HEFT 1016
Dr. rer. nat. W. Jellinghaus, Max-Planck-Institut für Eisenforschung, Düsseldorf
Sinterwerkstoffe aus Nickel oder Nickelaluminid mit Aluminiumoxyd
1961. 33 Seiten, 22 Abb., 6 Tabellen. DM 13,50

HEFT 1057
Prof. Dr.-Ing. Dr.-Ing. E. h. Hermann Schenck,
Dr.-Ing. Werner Wenzel und
Dr.-Ing. Hanns-Dieter Butzmann, Institut für Eisenhüttenwesen der Rhein.-Westf. Technischen Hochschule Aachen
Die Reduktion von Eisenerzen im heterogenen Wirbelbett
1961. 87 Seiten, 32 Abb., 5 Tabellen. DM 28,20

HEFT 1067
Prof. Dr.-Ing. Dr.-Ing. E. h. Hermann Schenck und
Dr.-Ing. Klaus-Dieter Unger, Institut für Eisenhüttenwesen der Rhein.-Westf. Technischen Hochschule Aachen
Versuche zur Bestimmung von Verunreinigungen in Metallen; insbesondere von Oxyden und Oxydverbindungen in technischen Stählen
1962. 34 Seiten, 10 Abb., 3 Tabellen. DM 13,40

HEFT 1068
Prof. Dr.-Ing. Dr.-Ing. E. h. Hermann Schenck,
Dr.-Ing. Werner Wenzel, Dr.-Ing. Günter Lindelar,
Prof. Dr.-Ing. Rudolf Spolders und
Dr.-Ing. Hilmar Weidenmüller, Institut für Eisenhüttenwesen der Rhein.-Westf. Technischen Hochschule Aachen
Der Einfluß des Schwefels und der Kohlenoxydspaltung auf den Hochofenprozeß
1962. 222 Seiten, 99 Abb., 51 Tabellen. DM 49,50

HEFT 1083
Prof. Dr.-Ing. Franz Bollenrath und
Ahmed Ali Salem El-Sabbagh, Institut für Werkstoffkunde der Rhein.-Westf. Technischen Hochschule Aachen
Untersuchungen über die Warmfestigkeit von Hartlötverbindungen
1963. 80 Seiten, 88 Abb., 7 Tabellen. DM 59,40

HEFT 1092
Prof. Dr.-Ing. habil. Anton Königer † und
Dr.-Ing. Manfred Odendahl, Institut für Gießereikunde der Technischen Universität Berlin
Der Einfluß von Oxyden auf die Viskosität von reinen Eisen-Kohlenstoff-Silizium-Legierungen
1962. 23 Seiten, 9 Abb. DM 10,40

HEFT 1093
Dr.-Ing. Wolf Dieter Röpke und
Dr.-Ing. Abbas Sabé, Institut für Gießereikunde der Technischen Universität Berlin
Das Fließvermögen und die Warmrißneigung von Stahl mit besonderer Berücksichtigung des Einflusses von hohen Molybdängehalten
1962. 37 Seiten, 21 Abb., 4 Tabellen. DM 17,—

HEFT 1094
Prof. Dr.-Ing. habil. Anton Königer † und
Prof. Dr. phil. Emanuel Pfeil, Institut für Gießereikunde der Technischen Universität Berlin
Versuche zur Entwicklung von Korrosions-Prüfmethoden
1962. 23 Seiten, 7 Abb., 3 Tabellen. DM 10,80

HEFT 1113
Dr. rer. nat. Wolfgang Pitsch, Max-Planck-Institut für Eisenforschung, Düsseldorf
Die kristallographischen Eigenschaften der Nitridausscheidungen im α-Eisen
1962. 21 Seiten, 8 Abb., 3 Tabellen. DM 11,—

HEFT 1114
Dipl.-Chem. Dr. phil. Siegfried Eckhard und
Dipl.-Phys. Walter Baum, Max-Planck-Institut für Eisenforschung, Düsseldorf
Über ein physikalisches Verfahren zur Bestimmung des Wasserstoffs im ternären Gemisch mit Stickstoff und Kohlenmonoxyd
1962. 63 Seiten, 31 Abb. DM 39,80

HEFT 1122
Prof. Dr.-Ing. Dr.-Ing. E. h. Hermann Schenck,
Dozent Dr.-Ing. Werner Wenzel und
Dr.-Ing. Günther Dietrich, Institut für Eisenhüttenwesen der Rhein.-Westf. Technischen Hochschule Aachen
Reaktionskinetische Betrachtung des Sintervorganges und Möglichkeiten zur Leistungssteigerung. Entwicklung eines Schachtsinterverfahrens
1962. 93 Seiten, 24 Abb., 5 Tabellen. DM 44,50

HEFT 1158
Dr.-Ing. habil. Alfred Krisch, Max-Planck-Institut für Eisenforschung, Düsseldorf
Über die Extrapolation von Zeitstandversuchen
1963. 31 Seiten, 13 Abb., 2 Tabellen. DM 17,50

HEFT 1190
Dipl.-Ing. Otto Schulte, Bericht aus dem Institut für Bildsame Formgebung der Rhein.-Westf. Technischen Hochschule Aachen
Einfluß kleiner Formänderungsgeschwindigkeiten auf die Formänderungsfestigkeit verschieden legierter Stähle und Nicht-Eisen-Metalle bei Warm-Formgebungstemperaturen
1966. 92 Seiten, 79 Abb., 3 Tabellen. DM 72,—

HEFT 1191
Prof. Dr.-Ing. habil. Anton Königer †,
Dr.-Ing. Manfred Odendahl und Eberhard Pahl, Institut für Gießereikunde der Technischen Universität Berlin
Über die Bildsamkeit von tongebundenen Formsanden
1963. 33 Seiten, 21 Abb., 4 Tabellen. DM 18,—

HEFT 1192
Prof. Dr.-Ing. habil. Anton Königer † und Dr.-Ing. Peter R. Sahm, Institut für Gießereikunde der Technischen Universität Berlin
Das Fließvermögen reiner und sauerstoffhaltiger Kupferschmelzen
1963. 47 Seiten, 38 Abb. 3 Tabellen. DM 31,80

HEFT 1193
Prof. Dr.-Ing. Helmut Winterhager und Dr.-Ing. Reinhard K. Buchner, Institut für Metallhüttenwesen und Elektrometallurgie der Rhein.-Westf. Technischen Hochschule Aachen
Beitrag zum experimentellen Problem der Messung schneller Elektrodenvorgänge
1963. 40 Seiten, 14 Abb. DM 17,—

HEFT 1194
Dr. rer. nat. Werner Jellinghaus, Max-Planck-Institut für Eisenforschung, Düsseldorf
Beiträge zur Konstitution metallischer Stoffe durch Suszeptibilitätsmessungen
1963. 25 Seiten, 8 Abb., 3 Tabellen. DM 14,—

HEFT 1253
Dipl.-Ing. Alfred Puck, Dipl.-Ing. Horst Wurtinger, Deutsches Kunststoffinstitut, Darmstadt
Werkstoffgemäße Dimensionierungs-Größen für den Entwurf von Bauteilen aus kunstharzgebundenen Glasfasern
Teil I und II
1963. 149 Seiten, 73 Abb., 8 Tabellen. DM 76,—

HEFT 1305
Dr. phil. Hermann Möller und Dipl.-Phys. Helmut Weeber, Max-Planck-Institut für Eisenforschung, Düsseldorf
Die Bildgüte bei der Durchstrahlung von Werkstoffen mit Röntgen- oder Gammastrahlen von 0,1 bis 31 MeV
1963. 69 Seiten, 40 Abb., 2 Tabellen. DM 32,90

HEFT 1344
Prof. Dr.-Ing. Dr.-Ing. E. h. Hermann Schenck, Dozent Dr.-Ing. Werner Wenzel, Dr.-Ing. Hans D. Kluger, Institut für Eisenhüttenwesen der Rhein.-Westf. Technischen Hochschule Aachen
Über das Reduktionsverhalten eisenoxydhaltiger Schlacken
1964. 91 Seiten, 60 Abb., 6 Tabellen im Anhang. DM 44,—

HEFT 1355
Dr.-Ing. habil. Alfred Krisch, Max-Planck-Institut für Eisenforschung, Düsseldorf
Kriechverhalten, Gefügeänderung und Risse bei mehrjährigen Zeitstandversuchen
1964. 27 Seiten, 17 Abb., 6 Tabellen. DM 14,80

HEFT 1379
Dr. phil. nat. Max Hempel, Max-Planck-Institut für Eisenforschung, Düsseldorf
Dauerschwingfestigkeit bei 20 und 500° C von Stählen mit niedrigem Kohlenstoffgehalt und verschiedenen Titan-Zusätzen
1964. 58 Seiten, 27 Abb., 12 Tabellen. DM 34,—

HEFT 1384
Dr. rer. nat. Hans-Jürgen Engell, Dr. rer. nat. Anton Bäumel und Dr. rer. nat. Konrad Bohnenkamp, Max-Planck-Institut für Eisenforschung, Düsseldorf
Die Spannungsrißkorrosion von Weicheisen in Kalzium-Nitratlösungen
1964. 46 Seiten, 27 Abb., 2 Tabellen. DM 25,50

HEFT 1385
Prof. Dr.-Ing. Helmut Winterhager und Dr.-Ing. Roland Kammel, Institut für Metallhüttenwesen und Elektrometallurgie der Rhein.-Westf. Technischen Hochschule Aachen
Über die elektrochemischen Grundlagen der Zinkchlorid-Schmelzflußelektrolyse
1964. 52 Seiten, 22 Abb., 24 Tabellen. DM 25,50

HEFT 1387
Dipl.-Chem. Wolfgang Werner, im Auftrage der Deutschen Industrie-Werke Aktiengesellschaft, Berlin-Spandau
Verbesserung der Eigenschaften von Sinterteilen durch Nachbehandlung (Oberflächenveredelung, Korrosionsschutz)
1964. 44 Seiten, 21 Abb., 16 Tabellen. DM 23,80

HEFT 1391
Dipl.-Phys. Dr. rer. nat. Ernst Wachtel und Dipl.-Phys. Erich Übelacker, Max-Planck-Institut für Metallforschung, Stuttgart, im Auftrage des Vereins Deutscher Gießereifachleute, Düsseldorf
Messung der Dichte und der magnetischen Suszeptibilität von Zinn-Zink-Legierungen
1964. 42 Seiten, 23 Abb., 4 Tabellen. DM 23,50

HEFT 1398
Prof. Dr.-Ing. Eberhard Schürmann und Dr.-Ing. Horst-Carsten Groth, Institut für Gießereiwesen der Bergakademie Clausthal, im Auftrage des Vereins Deutscher Gießereifachleute, Düsseldorf
Schmelzgleichgewichte im System Eisen–Schwefel–Kohlenstoff–Phosphor und Silizium bei 1400° C
1964. 31 Seiten, 6 Abb., 6 Tabellen. DM 15,50

HEFT 1403
Dr. phil. nat. Gerhard Zapf, Dipl.-Ing. Ulrich Völker und Ing. Rudolf Reinstadtler, im Auftrage der Forschungsgemeinschaft Pulvermetallurgie, Schwelm
Entwicklung von Fertigungsmethoden zur Erzeugung hochfester Sinterteile, Teil I und II
1965. 170 Seiten, 54 Abb., 13 Tabellen, 29 Auswertungstafeln, 55 Diagramme. DM 74,50

HEFT 1414
Prof. Dr. phil. Walter Koch, Dipl.-Phys. Helga Kolbe-Rohde und Dr. rer. nat. Jürgen Dittmann, Max-Planck-Institut für Eisenhüttenwesen der Rhein.-Westf. Technischen Hochschule Aachen
Untersuchungen zur Kinetik der Karbidbildung in Chromstählen
1964. 21 Seiten, 6 Abb., 4 Tabellen. DM 12,—

HEFT 1415
Prof. Dr.-Ing. Dr.-Ing. E. h. Hermann Schenck, Dozent Dr.-Ing. Werner Wenzel und Dr.-Ing. Trimbak Herwadkar, Institut für Eisenhüttenwesen der Rhein.-Westf. Technischen Hochschule Aachen
Stückigmachung von Feinerz auf dem Wanderrost in Gemischen mit Feinkohle
1964. 100 Seiten, 34 Abb., 21 Tabellen. DM 43,80

HEFT 1416
Prof. Dr.-Ing. Dr. h. c. Herwart Opitz und Dipl.-Ing. H. H. Bech, Laboratorium für Werkzeugmaschinen und Betriebslehre der Rhein.-Westf. Technischen Hochschule Aachen, im Auftrage des Vereins Deutscher Gießereifachleute, Düsseldorf
Bearbeitung von Leichtmetallen
1964. 39 Seiten, 22 Abb., 5 Tabellen. DM 26,50

HEFT 1419
Prof. Dr. phil. Adolf Rose, Dr.-Ing. Hans Paul Hougardy und Dr.-Ing. Albert Klein, Max-Planck-Institut für Eisenforschung, Düsseldorf
Der Einfluß der Unterkühlung auf die Kristallisationsformen von voreutektoidisch ausgeschiedenen Phasen und von eutektoidischen Phasengemengen
1964. 83 Seiten, 51 Abb., 4 Tabellen. DM 47,50

HEFT 1420
Prof. Dr. phil. Erich Scheil † und Dr. rer. nat. Hans Leo Lukas, im Auftrage des Vereins Deutscher Gießereifachleute, Düsseldorf
Messung des Dampfdruckes von magnesiumhaltigen Gußeisenschmelzen
1964. 19 Seiten, 8 Abb. DM 12,—

HEFT 1428
Prof. Dr.-Ing. Max Vater, Dipl.-Ing. Gerhard Nebe und Dipl.-Ing. Ansgar Schütza, Institut für Bildsame Formgebung der Rhein.-Westf. Technischen Hochschule Aachen
Mechanische Entzunderung von Blechen und Bändern
1965. 104 Seiten, 124 Abb., 6 Tabellen. DM 66,80

HEFT 1447
Dr. phil. Wolfgang Wepner, Max Planck-Institut für Eisenforschung, Düsseldorf
Restwiderstandsmessungen an reinem Eisen
1964. 23 Seiten, 5 Abb., 2 Tabellen. DM 12,50

HEFT 1448
Dr. rer. nat. Ralf Damm und Dr. rer. nat. Ernst Wachtel, Max-Planck-Institut für Metallforschung, Stuttgart, im Auftrage des Vereins Deutscher Gießereifachleute, Düsseldorf
Magnetische Messungen und kinetische Versuche an flüssigen Wismut-Mangan-Legierungen
1965. 25 Seiten, 9 Abb. DM 12,80

HEFT 1474
Prof. Dr.-Ing. Max Vater, Dipl.-Ing. Gerhard Nebe und Dipl.-Ing. Ansgar Schütza, Institut für Bildsame Formgebung der Rhein.-Westf. Technischen Hochschule Aachen
Beitrag zur mechanischen Entzunderung von Draht
1965. 35 Seiten, 19 Abb. DM 19,80

HEFT 1482
Prof. Dr. Theo Heumann und Richard Schürmann, Institut für Metallforschung der Universität Münster
Über die Beeinflussung der Passivierbarkeit aktiver Metalle durch Zulegieren von Chrom und Nickel
1965. 43 Seiten, 27 Abb. DM 23,50

HEFT 1487
Dr.-Ing. Werner Schwenzfeier und
Dr.-Ing. Oskar Pawelski, Max-Planck-Institut für Eisenforschung, Düsseldorf
Glühversuche an Stahldrähten in verschiedenen Ofenatmosphären
1965. 45 Seiten, 34 Abb., 2 Tabellen. DM 25,80

HEFT 1491
Prof. Dr.-Ing. Wilhelm Patterson, Dr.-Ing. Peter Coppetti
Gießerei-Institut der Rhein.-Westf. Technischen Hochschule Aachen
Prof. Dr.-Ing. Dr. h. c. Herwart Opitz
Laboratorium für Werkzeugmaschinen und Betriebslehre der Rhein.-Westf. Technischen Hochschule Aachen
Zerspanbarkeit von Grauguß
1965. 109 Seiten, 54 Abb., 5 Tabellen. 59,50

HEFT 1492
Dr. phil. nat. Max Hempel und Dr. rer. nat. Emil Hillnhagen, Max-Planck-Institut für Eisenforschung, Düsseldorf
Einfluß der Erschmelzungsart auf die Dauerschwingfestigkeit ungekerbter und gekerbter Proben eines Wälzlagerstahles
1965. 63 Seiten, 21 Abb., 12 Tabellen. DM 38,—

HEFT 1495
Prof. Dr.-Ing. Wilhelm Patterson, Dr.-Ing. Helmut Brand und Dipl.-Ing. Heinrich Traßl, Gießerei-Institut der Rhein.-Westf. Technischen Hochschule Aachen
Das Viskositätsverhalten flüssiger Bleilegierungen im Konzentrationsbereich der festen Löslichkeit
1965. 24 Seiten, 9 Abb., 2 Tabellen. DM 13,—

HEFT 1496
Prof. Dr. phil. Karl Löbberg und Dipl.-Ing. Günther Kühl, Institut für Gießereikunde der Technischen Universität Berlin, im Auftrage des Vereins Deutscher Gießereifachleute, Düsseldorf
Einfluß von Magnesium und Cer auf die Viskosität behandelter Gußeisenschmelzen sowie Abbrand des Magnesiums und Änderung des Sauerstoffgehaltes in Abhängigkeit von der Abstehzeit
1965. 26 Seiten, 7 Abb., 5 Tabellen. DM 12,80

HEFT 1502
Prof. Dr.-Ing. Wilhelm Patterson, Dr.-Ing. Walter Koppe und Dr.-Ing. Siegfried Engler, Gießerei-Institut der Rhein.-Westf. Technischen Hochschule Aachen
Untersuchungen zur Erstarrung und Speisung von Gußeisen
1965. 96 Seiten, 51 Abb., 3 Tabellen. DM 52,80

HEFT 1503
Prof. Dr.-Ing. Max Vater, Dipl.-Ing. Gerhard Nebe und Dipl.-Ing. Ansgar Schütza, Institut für Bildsame Formgebung der Rhein.-Westf. Technischen Hochschule Aachen
Beitrag zur Prüfung metallischer Strahlmittel
1965. 77 Seiten, 69 Abb., 11 Tabellen. DM 49,—

HEFT 1534
Prof. Dr. phil. Adolf Rose, Max-Planck-Institut für Eisenforschung, Düsseldorf
Schweißbarkeit und Umwandlungsverhalten der Stähle
1965. 57 Seiten, 20 Abb., 5 Tabellen. DM 39,—

HEFT 1552
Fachausschuß Stahlguß im Verein Deutscher Gießereifachleute, Düsseldorf
Einfluß der Oberflächenbeschaffenheit auf die Dauerfestigkeit von Stahlguß
1965. 38 Seiten, zahlr. Abb. und Tabellen. DM 24,80

HEFT 1571
Dr. phil. Heinz Kudielka und M. *Sc. Teruo Yukitoshi, Max-Planck-Institut für Eisenforschung, Düsseldorf*
Röntgenfluoreszenz-Untersuchungen an kleinen Feststoff-Oberflächen und konzentrierten Salzlösungen
1965. 48 Seiten, 24 Abb., 13 Tabellen. DM 29,50

HEFT 1578
Prof. Dr.-Ing. Franz Bollenrath und Dipl.-Ing. Hugo Feldmann, Institut für Werkstoffkunde der Rhein.-Westf. Technischen Hochschule Aachen
Einfluß der Verformung und Temperatur auf mechanische Eigenschaften von unlegiertem Titan
1966. 103 Seiten, 43 Abb., 11 Tabellen. DM 62,50

HEFT 1580
Prof. Dr.-Ing. Hermann Schenck und Dr.-Ing. Franz Neumann, Institut für Eisenhüttenwesen und Gießerei-Institut der Rhein-Westf. Hochschule Aachen
Über den Einfluß von Zusatzelementen auf das Verhalten des Kohlenstoffs in flüssigen Eisenlegierungen und die Beziehung zu ihrer Stellung im Periodischen System

HEFT 1589
Prof. Dr.-Ing. Dr.-Ing. E. h. Hermann Schenck, Aachen, Prof. Dr.-Ing. habil. Mathias Nacken, Aachen, Dr.-Ing. Ernst Potthast, Völklingen, und Dipl.-Phys. Edith Butenuth, Aachen.
Institut für Eisenhüttenwesen und Gemeinschaftslabor für Elektronenmikroskopie der Rhein.-Westf. Technischen Hochschule Aachen
Untersuchungen über die Existenzbereiche der Eisenkarbide mit Hilfe der Elektronenmikroskopie und Elektronenbeugung
1966. 81 Seiten, 47 Abb., 6 Tabellen. DM 55,30

HEFT 1591
Prof. Dr.-Ing. Wilhelm Patterson und Dozent Dr.-Ing. Siegfried Engler, Gießerei-Institut der Rhein.-Westf. Technischen Hochschule Aachen
Volumendefizit und Lunkerung bei der Erstarrung von Metallen
1966. 51 Seiten, 29 Abb., 5 Tabellen. DM 31,—

HEFT 1592
Prof. Dr.-Ing. habil. Dr. h. c. Max Fink und Dr.-Ing. Alfred E. Steinegger, Institut für Fördertechnik und Schienenfahrzeuge der Rhein.-Westf. Technischen Hochschule Aachen.
Direktor: Prof. Dr.-Ing. habil. Dr. h. c. Max Fink und Forschungsinstitut der Gesellschaft zur Förderung der Glimmentladungsforschung e. V., Köln.
Direktor: Prof. Dr. Martin Schmeisser
Die Erscheinung der Reiboxydation an ionitrierten Stahloberflächen
1965. 83 Seiten, 10 Abb., 16 Tabellen, 15 Tafeln. DM 49,50

HEFT 1615
Prof. Dr.-Ing. Wilhelm Patterson und Dozent Dr.-Ing. Siegfried Engler, Gießerei-Institut der Rhein.-Westf. Technischen Hochschule Aachen
Die »gerichtete Erstarrung« als Voraussetzung zur Herstellung dichter Gußstücke
1966. 33 Seiten, 17 Abb., 2 Tabellen. DM 18,—

HEFT 1617
Dr.-Ing. Alfred F. Steinegger und Dipl.-Ing. Josef Kläusler, Forschungsinstitut der Gesellschaft zur Förderung der Glimmentladungsforschung e. V., Köln
Direktor: Prof. Dr. Martin Schmeißer
Untersuchung der Notlaufeigenschaften inoitrierter Laufflächen bei gleitender Reibung
1966. 39 Seiten, 28 Abb., 5 Tabellen. DM 24,20

HEFT 1622
Prof. Dr.-Ing. Wilhelm Patterson, Prof. Dr.-Ing. Hermann Schenck und Dr.-Ing. Franz Neumann Gießerei-Institut der Rhein.-Westf. Technischen Hochschule Aachen und Institut für Eisenhüttenwesen der Rhein.-Westf. Technischen Hochschule Aachen
Einfluß der Eisenbegleiter auf Kohlenstofflöslichkeit, Kohlenstoffaktivität und Sättigungsgrad im Gußeisen

HEFT 1626
Prof. Dr.-Ing. Dr.-Ing. E. h. Hermann Schenck, Dozent Dr.-Ing. Werner Wenzel, Dr.-Ing. B. R. Rajasekhar und Dipl.-Phys. Franz Rudolf Block, Institut für Eisenhüttenwesen der Rhein.-Westf. Technischen Hochschule Aachen
Das metallurgische und elektrische Verhalten von Koks, insbesondere von Erzkoks, unter den realen Bedingungen des elektrischen Niederschachtofens
1966. 135 Seiten, 76 Abb., 20 Tabellen. DM 85,80

HEFT 1627
Prof. Dr.-Ing. Dr.-Ing. E. h. Hermann Schenck, Dozent Dr.-Ing. Werner Wenzel und Dr.-Ing. Karl-Heinz Kleemann, Institut für Eisenhüttenwesen der Rhein.-Westf. Technischen Hochschule Aachen
Entzinkung von Gichtstaub im Schmelzsyklon
1966. 82 Seiten, 33 Abb., 2 Tabellen. DM 43,40

HEFT 1628
Prof. Dr.-Ing. Wilhelm Patterson und Dr.-Ing. Wolfgang Standke, Gießerei-Institut der Rhein.-Westf. Technischen Hochschule Aachen, in Zusammenarbeit mit dem Verein Deutscher Gießereifachleute, Düsseldorf
Einfluß der Einsatzstoffe, der Schmelzführung im Induktionsofen und der Impfbehandlung auf das Gefüge und die mechanischen Eigenschaften von Gußeisen mit Lamellengraphit
1966. 69 Seiten, 33 Abb., 7 Tabellen. DM 40.—

HEFT 1629
Priv.-Dozent Dr.-Ing. Franz Neumann, Prof. Dr.-Ing. Wilhelm Patterson und Dipl.-Ing. Dieter Albrecht, Gießerei-Institut der Rhein.-Westf. Technischen Hochschule Aachen
Gleichgewichtsuntersuchungen über den gemeinsamen Einfluß von Mangan und Schwefel auf das physikalisch-chemische Verhalten des im flüssigen Eisen gelösten Kohlenstoffs im Bereich der Kohlenstoffsättigung

HEFT 1630
Prof. Dr.-Ing. Helmut Winterhager, Dr.-Ing. Lothar Greiner und Dr.-Ing. Roland Kammel, Institut für Metallhüttenwesen und Elektrometallurgie der Rhein.-Westf. Technischen Hochschule Aachen
Untersuchungen über die Dichte und die elektrische Leitfähigkeit von Schmelzen der Systeme $CaO—Al_2O_3—SiO_2$ und $CaO—MgO—Al_2O_3—SiO_2$
1966. 44 Seiten, 23 Abb., 6 Tabellen. DM 30,—

HEFT 1644
Dipl.-Ing. Ralf Fangmeier und Dr. phil. Wolfgang Wepner, Max-Planck-Institut für Eisenforschung, Düsseldorf
Versuchseinrichtung und Versuche zur Erholung eines austenitischen Stahles nach plastischer Verformung bei 4,2° K
1966. 31 Seiten, 5 Abb. DM 18,40

HEFT 1659
Prof. Dr.-Ing. Wilhelm Patterson und Dr.-Ing. Dietmar Boenisch, Gießerei-Institut der Rhein.-Westf. Technischen Hochschule Aachen
Die Wasserbindung an Tonen und ihre Bedeutung für die Fertigkeit des Gießereiformsandes
In Vorbereitung

HEFT 1695
Dr. rer. nat. Dietrich Meinhardt, Max-Planck-Institut für Eisenforschung, Düsseldorf
Strukturbestimmung durch Kernstreuung und magnetische Streuung thermischer Neutronen
1966. 44 Seiten, 14 Abb., 11 Tabellen. DM 32,30

HEFT 1743
Dr.-Ing. Alfred F. Steinegger und Dipl.-Ing. Siegfried Jentzsch, Gesellschaft zur Förderung der Glimmentladungsforschung e. V., Köln. – Direktor: Prof. Dr. Martin Schmeisser
Das Verhalten ionitrierter Oberflächen beim statischen Torsionsversuch *In Vorbereitung*

HEFT 1745
Dr. phil. nat. Gerhard Zapf, Dipl.-Ing. Jörg Niessen und Ing. Rudolf Reinstadtler, Forschungsgemeinschaft Pulvermetallurgie e. V., Schwelm
Untersuchung über die Wärmebehandlung legierter Sinterstähle mit Kupfer und Nickel als Legierungselemente *In Vorbereitung*

HEFT 1746
Dipl.-Phys. Franz-Rudolf Block, Roetgen, Prof. Dr.-Ing., Dr.-Ing. E. h. Hermann Schenck, Aachen, und Dozent Dr.-Ing. Werner Wenzel, Aachen, Institut für Eisenhüttenwesen der Rhein.-Westf. Technischen Hochschule Aachen
Der Gegenstromwärmeaustausch in Wirbelbetten
In Vorbereitung

HEFT 1752
Priv.-Doz. Dr.-Ing. Günther Woelk, Institut für Industrieofenbau und Wärmetechnik im Hüttenwesen der Rhein.-Westf. Technischen Hochschule Aachen
Ein Näherungsverfahren zur numerischen Berechnung instationärer Temperaturfelder
In Vorbereitung

HEFT 1753
Prof. Dr.-Ing. Helmut Winterhager und Dr.-Ing. Roland Kammel, Institut für Metallhüttenwesen und Elektrometallurgie der Rhein.-Westf. Technischen Hochschule Aachen
Über die Metallgehalte in den Schlacken des Bleischachtofenprozesses und ihr Verhalten im elektrischen Feld *In Vorbereitung*

WESTDEUTSCHER VERLAG · KÖLN UND OPLADEN
567 Opladen/Rhld., Ophovener Straße 1–3

GPSR Compliance
The European Union's (EU) General Product Safety Regulation (GPSR) is a set of rules that requires consumer products to be safe and our obligations to ensure this.

If you have any concerns about our products, you can contact us on

ProductSafety@springernature.com

In case Publisher is established outside the EU, the EU authorized representative is:

Springer Nature Customer Service Center GmbH
Europaplatz 3
69115 Heidelberg, Germany

www.ingramcontent.com/pod-product-compliance
Ingram Content Group UK Ltd.
Pitfield, Milton Keynes, MK11 3LW, UK
UKHW061658190726
13853UKWH00008B/2279

* 9 7 8 3 6 6 3 0 6 4 2 6 8 *